1. 沈农超级白菜叶球
2. 辽白 12 叶球
3. 天正橘红 58 叶球
4. 金娃娃成株
5. 金冠一号叶球
6. 韩国金娃娃叶球

1. 京研快菜 2 号
2. 夏阳 50 叶球
3. 营养钵育苗
4. 早春日光温室穴盘育苗
5. 直播速生快绿幼苗
6. 春季高畦覆膜栽培

1. 大棚覆盖纱网栽培

2. 软腐病危害植株心髓腐烂状

3. 炭疽病危害叶片病斑呈半透明纸状并穿孔破裂

4. 病毒病危害叶片皱缩、花叶状

5. 春季先期抽薹

6. 霜霉病危害叶片出现褪绿病斑

1. 黑斑病危害叶片出现明显同心轮纹病斑
2. 细菌性角斑病危害叶片出现膜质角斑
3. 根肿病危害根部出现瘤状物

4. 黑腐病危害叶片边缘出现 V 形病斑
5. 干烧心叶球中部叶片呈干纸状
6. 蚜虫集聚叶片背面危害，并出现煤污病状

大白菜
优质栽培新技术

DABAICAI YOUZHI ZAIPEI XINJISHU

蒋欣陶　吴海东　主编

中国科学技术出版社
·北 京·

图书在版编目（CIP）数据

大白菜优质栽培新技术 / 蒋欣陶，吴海东主编 . —北京：中国科学技术出版社，2017.8（2022.7 重印）

ISBN 978-7-5046-7592-7

Ⅰ. ①大… Ⅱ. ①蒋… ②吴… Ⅲ. ①大白菜－蔬菜园艺 Ⅳ. ① S634.1

中国版本图书馆 CIP 数据核字（2017）第 172710 号

策划编辑	张海莲　乌日娜	
责任编辑	王绍昱	
装帧设计	中文天地	
责任印制	马宇晨	

出　　版	中国科学技术出版社	
发　　行	中国科学技术出版社有限公司发行部	
地　　址	北京市海淀区中关村南大街16号	
邮　　编	100081	
发行电话	010-62173865	
传　　真	010-62173081	
网　　址	http://www.cspbooks.com.cn	

开　　本	889mm×1194mm　1/32	
字　　数	78千字	
印　　张	3.375	
彩　　页	4	
版　　次	2017年8月第1版	
印　　次	2022年7月第2次印刷	
印　　刷	北京长宁印刷有限公司	
书　　号	ISBN 978-7-5046-7592-7 / S·663	
定　　价	13.00元	

本书编委会

主 编

蒋欣陶 吴海东

编著者

赵明晶 王丽丽 林志伟

张耀莉 张艳玲 战长勇

P_{reface} 前言

　　大白菜具有品种多、产量高、耐贮藏、供应期长、食用方法多样等特点，加之原产我国，并且符合我国人民的消费习惯，在秋、冬、春 3 季蔬菜供应中占主导地位。长期以来，大白菜一直是我国种植面积最大的蔬菜之一，其丰歉在均衡市场供应、稳定蔬菜价格等方面具有不可代替的作用。随着市场的需求、品种的创新、技术的进步，我国大白菜种植由传统的季节性栽培向保护地设施栽培的反季节种植发展，形成周年生产供应格局。大白菜品种特性决定产品的特性，随着市场对大白菜品种多样化、优质化要求的变化，大白菜品种由单一的秋白菜品种向春白菜、夏白菜、早秋白菜等配套化品种方向发展，娃娃菜、彩色白菜成为消费热点，加工品种是大白菜发展方向之一。

　　大白菜生产中存在着选种不当、育苗质量低、栽培管理水平滞后、病虫害发生严重等问题，制约了大白菜的优质高产，亟须进行高效栽培技术的推广普及。在长期的生产实践中，广大农业科技工作者和生产者积极探索，开展高效栽培技术研究，积累了丰富的经验，形成了一系列栽培管理技术。为此，笔者整理和总结了多位专家常年指导农户大白菜栽培的经验，吸收同行的先进科研成果，全面介绍了大白菜高效栽培技术，旨在为广大生产者和技术推广者提供借鉴。

　　本书涵盖了大白菜产业发展现状和趋势，详细讲解了大白菜优良品种、不同类型白菜栽培技术、病虫害诊断及防治，还介绍了大白菜贮藏与加工技术。内容真实，文字简练，紧密结合生产实践，注重技术的实用性、可操作性和先进性，可解决生产实际问题，以期为农民增产增收做贡献。

书中疏漏与不当之处，敬请同行专家及读者批评指正。

编著者

Contents 目 录

第一章
概　述

一、大白菜产业发展现状

1. 大白菜栽培历史

大白菜是我国原产蔬菜，有悠久的栽培历史。在我国新石器时期的西安半坡原始村落遗址发现的白菜籽距今有 6 000 多年的历史，比其他原产我国的粮食作物要古远。白菜古时称"菘"，春秋战国时期已有栽培，最早得名于汉代。南北朝时，白菜是我国南方最常食用的蔬菜之一。唐代出现了白菘、紫菘和牛肚菘等不同的品种。宋代陆佃的《埤雅》中说："菘性凌冬不凋，四时常见，有松之操，故其字会意，而本草以为耐霜雪也。"元朝时民间开始称其为"白菜"。明朝中医学家李时珍在《本草纲目》中记载："菘性凌冬晚凋，四时常见，有松之操，故曰菘。今俗之白菜，其色清白。"明代以前白菜主要在长江下游太湖地区栽培，明清时期不结球白菜（小白菜）在北方得到了迅速发展。与此同时，在浙江地区培育成功结球白菜（大白菜）。18 世纪中叶（康乾盛世），在北方，大白菜取代了小白菜，且产量超过南方。华北、山东等地产的大白菜开始沿京杭大运河销往江浙以至华南。

中华人民共和国成立前，我国大白菜种植面积较小，主要分布在黄河中下游、东北及东南沿海一带。中华人民共和国成立后，加快了大白菜的科学研究进程并取得了丰硕的成果，现已成为栽培面积和供应量最大、产量最高的蔬菜品种之一。

20 世纪 50 年代，我国科研及推广工作者在大白菜品种资源调查整理的基础上，对当地的优良品种进行了提纯复壮和示范推广，生产面积不断扩大。但因地方品种抗病性差，加之栽培技术简单，病害逐年加重，大白菜产量低且不稳定，因而栽培面积受到一定的限制。从 60 年代开始，我国多数省份相互引种，不断总结栽培经验，提高栽培技术，克服了不利的自然气候条件，使大白菜栽培面积不断扩大，进入稳步发展阶段。70 年代中期以后，全国各地都非常重视大白菜生产，加速了大白菜优良品种的推广和丰产栽培技术的开发。菜农的栽培经验不断丰富，技术不断提高，逐步缩小了丰、歉年之间的产量差距。特别是大白菜杂交一代品种的大面积推广，极大地推动了大白菜产业的发展，成为历史上发展最快的时期之一。

到了 80 年代中后期，随着蔬菜种植结构的调整，保护地栽培面积迅速发展，尤其是日光温室栽培大面积推广，以及南菜北调等市场流通网络的形成，使居民在冬春以消费马铃薯、大白菜、萝卜等贮藏蔬菜为主，逐渐转向消费多种类、多品种的新鲜蔬菜，因而使大白菜的消费量明显减少。但由于大白菜产量高、耐贮藏、品质好等优良特性，加之符合我国人民的消费习惯，仍然深受群众喜爱，作为秋、冬、春三季蔬菜供应的主导地位仍未改变。特别是在我国寒冷季节较长、生活水平较低的东北及西北广大地区，大白菜的生产和供应仍占主要地位。90 年代以来，大白菜除以秋冬季节栽培为主的生产方式外，各地根据自然条件特点，积极开展引种、育种和栽培技术研究，春季与夏季大白菜生产逐渐兴起，并形成了相对稳定的大型生产基地，通过短期贮藏和运输，稳定供应各地市场，满足了人们四季消费的需求。

总之，大白菜在我国劳动人民的长期驯化传播下，形成了叠抱、合抱、拧抱、花心等多种类型，适合春、夏、秋各季栽培，早、中、晚熟配套，可供四季上市的大量优良品种。

2. 大白菜在蔬菜中的地位

大白菜品种丰富，生态类型多样，分布范围广，产量高，耐贮运，供应期长，营养丰富，食用方法多样，种植简易、省工、成本低、价格低廉，在我国菜篮子中占重要地位，是名副其实的大众化蔬菜。我国北方地区大白菜素有"当家菜"之称，在黄河以北的大中城市郊区，占秋菜播种面积的 50% 以上，东北地区约占 60%，长江流域占 15%～20%。

20 世纪 90 年代以来，不仅大白菜的栽培面积在增加，种植范围在拓展，而且栽培形式也呈多样化，由以往单一的秋季栽培发展为早秋栽培、秋季栽培、春季栽培、夏季栽培的周年生产，特别是高山反季节栽培极大地弥补了平原栽培的气候限制，保证了大白菜的周年供应。栽培形式由传统的露地栽培正在向保护地栽培发展，保护地越冬栽培、春提早栽培、越夏栽培逐渐普及，间混套种已成为提高大白菜经济效益的重要方式，越来越被广大生产者所青睐和采用。

近年来，随着信息化的发展和大白菜生产基地的建立，生产、收购、调运、营销及出口一条龙新型产业正在悄然兴起，如河北、山东、辽宁、黑龙江、云南等省都建有大面积的大白菜生产基地，对我国南北方大白菜市场供应和出口创汇起着越来越大的作用。

另外，大白菜除了在我国大量种植以外，在世界上种植较多的国家及地区还有日本、朝鲜、韩国和东南亚，而且各具特色，如日本大白菜的消费在蔬菜中排第四位，全国均有种植，周年都有供应；朝鲜、韩国种植面积也很大，其产品大部分用来加工成辣白菜。目前，大白菜已经进入欧美市场，逐渐得到欧美等国的认可，如美国、加拿大、德国、英国、荷兰、意大利、法国等国也有一定的栽培面积，特别是在华侨居住的地区，一年四季均有供应。

3. 大白菜生产现状

近年来，随着我国蔬菜种植结构的调整，尤其是保护地蔬菜生产的快速发展，以及南菜北运等蔬菜流通网络的形成，城镇居民对大白菜的消费习惯逐渐转变，家庭冬储及腌渍用量逐渐减少，转而以鲜食为主，秋白菜栽培面积逐渐减少，而春夏反季节大白菜栽培面积逐年上升。由于市场消费需求、品种创新及栽培技术进步，我国大白菜已发展为四季栽培，基本形成了春季设施栽培、夏季高原栽培、秋季北方栽培、冬季南方栽培的四季生产周年供应格局；而且依托气候和区位优势，全国逐渐形成了5个大白菜集中产区：东北秋大白菜主产区，包括辽宁、吉林、黑龙江等地，主要以中晚熟、耐贮藏品种为主；黄淮流域秋大白菜主产区，包括河北、山东、河南及苏北、皖北等地，以中晚熟、耐运输品种为主；长江上中游秋冬大白菜主产区，包括云南、贵州、四川、湖南、湖北、广西等地，以早、中熟鲜食品种为主；云贵高原夏秋大白菜主产区，包括云南、贵州、重庆及湘西、鄂西等地，以早熟、耐热品种为主；黄土高原夏秋大白菜主产区，包括河北、山西、内蒙古、陕西、甘肃、宁夏、青海等地，以早熟、耐热、耐贮运品种为主。

另外，大白菜的消费类型也发生了重大变化，由过去的以大球型大白菜消费为主，发展为大球型、苗用型、娃娃菜和小球型等多品种并存的消费模式。特别是苗用菜、娃娃菜和小球型大白菜，由于具有品质好、生长周期短、生产效益高、适合目前我国家庭消费习惯等优势，深受生产者和消费者的青睐，市场前景看好。

4. 大白菜生产存在的问题

（1）栽培区域分散，集约化程度低　虽然大白菜是我国种植面积最大的蔬菜作物，但是其生产方式还相对落后，主要以一家一户的分散栽培为主。尽管近年来随着运输、加工企业的增多，逐渐形成了一些具有一定规模的集中生产区和生产基地，但在这些生产区内还是以农户单独栽培为主。这种零散式的生产导致大白菜栽培品种多而杂、叶球产品质量参差不齐、区域化的病虫害发生和流行严重，使得叶球产品的群体竞争力下降，直接产生卖菜难、市场价格波动加大等一系列问题。在实际生产中应提倡集约化栽培方式，形成"一村一乡甚至一县一品种"，这样不仅有利于解决卖菜难的问题，而且有利于进行标准化栽培技术的普及，可解决病虫害严重、土壤退化等影响整个农业生产的问题。

（2）生产配套体系不完善，栽培风险大　伴随着我国城镇化的发展，整个农业生产逐渐走向家庭农场式的经营模式，大白菜生产也不例外，其具体表现在近郊栽培面积越来越小，而远郊面积越来越大；农户单独栽培越来越少，而联合成片生产趋势越来越明显；城乡居民单独贮存大白菜越来越少，而由经纪人、企业贮藏越来越多；生产方式越来越多，而季节性、区域性的价格波动越来越明显；农户单独防治病虫害效果越来越差，区域性的联合防控效果越来越明显。这些变化的发生，迫切要求出现一大批专业技术普及机构及人员、经营企业及经纪人、加工企业及物流企业与之相适应。但目前这些相关的配套体系还没有完全建立，使得大白菜生产大小年现象明显，区域性、季节性的过剩和不足出现频繁，农户栽培大白菜的技术风险和销售风险逐渐增大。

（3）病虫害日益加重　由于大白菜抗病育种和病虫害防控技术研究滞后，再加上基层蔬菜植保专业人才匮乏，病虫害防控措施不到位，致使病毒病、霜霉病和软腐病等大白菜三大病害没有得到有效控制，而且大白菜根肿病等土传性病害日益加重，严重威胁大白菜的生产和质量安全，防控形势十分严峻。

二、大白菜产业发展趋势

1. 品种类型多样，季节性差异变小

随着耐抽薹、耐热、多抗育种理论和实践的不断进步，适于春夏种植的大白菜品种大量涌现，而且这些品种早、中、晚配套，使得周年生产成为可能。同时，随着秋季大白菜的主导地位逐渐变弱，大白菜生产格局逐渐发生新的变化。春、夏、早秋大白菜反季节栽培逐渐增多，加之近年来蔬菜保护地栽培技术的进步，使得反季节大白菜栽培变得容易，大白菜市场供应的季节性差异变小。

2. 大白菜小型化趋势明显

随着我国居民家庭人口的小型化，对大白菜的需求也出现了小型化的趋势。家庭购买大白菜不再以贮藏为主，而是以鲜食、现食为主，这就要求大白菜叶球大小适中，便于家庭一次性食用和少量冷藏贮存。尤其在秋季栽培中，各地主栽品种多为75～85天的中晚熟品种，叶球重控制在3～5千克。

3. 规模化基地生产逐渐兴起

随着全国省际道路运输网络的发展，使得远距离运输变得容易，加之我国城镇化的发展，近郊菜地逐渐减少，远郊规模化生产逐渐增加。一些经营和流通企业开展远郊基地化的订单生产，逐渐形成了一些特色大白菜生产基地，如高山娃娃菜生产基地、冬贮菜生产基地、春夏大白菜生产基地、腌渍加工菜生产基地。相继成立专业合作社，建立家庭农场进行规模化大白菜生产。

4. 高品质大白菜渐受青睐

随着人们生活水平的提高，健康安全的蔬菜产品日益成为消费者追逐的目标。大白菜已不再简单作为主要蔬菜食用，而以追逐菜品花色、营养价值为主。一些特色高品质的大白菜品种供不应求，如娃娃菜、橘红心大白菜、黄心大白菜、苗用型大白菜等相对价格较高，形成了春季、秋季栽培以黄心大白菜品种为主，娃娃菜、苗用型白菜四季栽培、周年供应的栽培模式。

第二章
大白菜栽培的生物学基础

一、植物学特征

1. 根和根系

大白菜主根为肥大的肉质直根，直径 3～7 厘米，主根上生有侧根，上部产生的侧根长而粗，下部产生的侧根短而细，侧根逐级分枝，最多可分为 17 级，主根和侧根共同组成比较发达的根系。大白菜主根向下伸长深达 1 米左右，但主要的吸收根群分布在距地表 30 厘米左右、距主根 20 厘米半径的空间内，所以大白菜为浅根性蔬菜。

根系从小到大逐渐发展起来，种子萌动后胚根向下生长 8～10 厘米，只有根毛而不产生侧根，根系较浅，而且分布范围较小。进入幼苗期后，根系迅速发展，主根上开始发生大量侧根，侧根上发生少量短的分根。幼苗期结束时，主根深达 50～60 厘米，侧根分枝达 3～4 级，可伸长至 40～50 厘米直径范围。莲座期主根不再伸长，而侧根分化迅速，5～6 级侧根发育旺盛。结球中期以后根系不再发展，开始趋于衰老。在生产中须根据根系发展的特点，在整地、中耕、施肥及浇水等方面采取合理的措施以促进根系发育，进而促进植株的生长。

2. 茎

大白菜的茎根据生长发育阶段的不同，分为营养茎和花茎。营养茎是大白菜在营养生长阶段居间生长很不发达的茎结构，因呈短锥状又称短缩茎。在此阶段，随着叶片的不断分化，叶数逐渐增加，叶片紧密排列在短缩茎上，所以没有明显的节和节间，茎短缩、肥大，皮层和心髓比较发达；花茎是指在贮藏后期和生殖生长阶段，从营养茎顶端抽生出的花薹，高 60～100 厘米，花茎顶端抽出主薹后，叶腋间的叶芽还可抽出侧枝，侧枝还可抽出一级、二级侧枝，使植株呈圆锥状，茎与叶的表面有明显的蜡粉。以采收叶球为栽培目的时，应采取适当的措施抑制花茎的发生和生长，以保证叶球品质和产量。

3. 叶

大白菜的叶根据不同的生长发育时期分为子叶、初生叶、莲座叶、球叶和茎生叶等5种形态。子叶两片、对生，呈肾形至倒心形，叶面光滑、无锯齿，有明显的叶柄，叶脉不明显；初生叶是子叶展开后出现的第一对真叶，呈长椭圆形，有明显的叶柄和叶脉，无托叶，与子叶呈十字形排列；莲座叶为从第一片真叶出现后到球叶出现之前的所有叶片，着生于短缩茎中部，互生呈环状。莲座叶的叶柄板状，有明显的叶翼，叶片肥大、软薄而有皱褶，倒披针形至阔倒圆形，颜色深绿色至浅绿色，叶脉发达，是制造养分的主要功能叶片，对球叶起保护作用；球叶是开始结球后，着生于短缩茎顶端的叶片，呈环状排列于短缩茎上，由外至内叶片逐渐变小。球叶叶柄肥大，外叶见光呈绿色，内叶呈白色至黄色，以拧抱、褶抱、叠抱等方式向心抱合成不同类型的叶球；茎生叶是着生在花茎上的叶片，基部叶片宽阔而且抱茎，上部叶片逐渐窄小，呈三角形。

4. 花和花序

大白菜的花为复总状花序，是由花梗、花托、花萼、花冠、雄蕊群和雌蕊组成的完全花，4片黄色花瓣形成十字形花冠，雄蕊 6枚，内轮 4枚花丝较长，外轮 4枚较短，形成四强雄蕊、花药二室，成熟时纵裂释放花粉。雌蕊 1枚位于花的中心，子房上位，雌蕊柱头盘状，在子房基部有 6个蜜腺。大白菜单株有花 1 000～2 000 朵，为复总状花序，花期 20～30 天，通常主枝先开放，然后是侧枝逐级开花。大白菜花为异花授粉，自花授粉不亲和，但蕾期自花授粉也可结籽。

5. 种子和果实

大白菜种子圆球形或微扁，千粒重 2.5～3.5 克，种子直径 1.5～2 毫米。种皮呈红褐色或灰褐色，少数黄色，种皮上具有非常细小的花纹和凸起。种脐位于种子的尖端，是种子从果荚上脱落后留下的痕迹，长圆形、黑色，种孔突出。在种皮内有包裹着的成熟胚，胚包括子叶、胚芽、胚轴和胚根，胚芽被包裹在子叶之中。胚呈镰刀状，子叶呈肾脏形，两片子叶整齐对褶于胚芽两侧。大白菜种子在发育过程中胚乳逐渐消失，为无胚乳种子。

大白菜果实为长角果，果形细长、3～6 厘米，每个角果可着生种子 30 粒左右。从授粉到角果成熟需 30～40 天，成熟后果皮纵裂为二，种子易脱落。果实未成熟时绿色，成熟后为枯黄色。

二、生长发育期

大白菜的个体发育在春季播种时表现为 1 年生，可以直接从幼苗期、莲座期或经过短暂的结球期便进入抽薹期而开花形成种子。在秋季播种时表现为 2 年生，经过幼苗期和莲座期后，还需经过时间较长的结球期形成叶球，再经过一段时间的休眠后，才能抽薹开花而形成种子。栽培上通常以获得紧实的叶球为目的，其生长发育规律与秋播的特征相似，主要是进行营养生长，包括发芽期、幼苗期、莲座期和结球期，最终形成硕大的叶球。

1. 发 芽 期

大白菜播种后种子萌动到第一片真叶吐心时为发芽期，是种子中的胚生长成幼芽的过程，在适宜条件下需 5～7 天。发芽期结束时，幼苗的主根长达 11～15 厘米，并有一级、二级侧根出现。幼苗开始从单纯依靠子叶供应养分转向根系吸收水分和养分，叶片开始进行光合作用。由于此期主要消耗种子中储藏的养分，所以说种子的质量好坏直接影响发芽与幼苗生长，进而对大白菜结球状况产生较大的影响。因此，生产中应选择纯度高，发芽率和发芽势均较高的优质种子。

2. 幼苗期

从第一片真叶展开到第5～8片真叶展开阔大为幼苗期，需16～20天，早熟品种具5～6片叶，而中晚熟品种具7～8片叶。幼苗期需经历"破心"、"拉十字"和"团棵"3个阶段，"破心"即第一片真叶出现到第二片真叶展开；"拉十字"即第二片真叶展开后，2片真叶与子叶交叉呈十字形；"团棵"即8～10片叶展开，幼苗呈圆盘状。到幼苗期结束，大白菜的根系分布直径可达40厘米左右，主根长40～50厘米，植株已完全可以靠自己制造的养分生长。此期生长量不大，根系吸收养分和水分的能力较差，而生长速度却相当快，因此栽培中需提供足够的水分和养分，促进幼苗生长。

3. 莲座期

从"团棵"开始到外叶全部展开、心叶刚开始出现抱合现象为莲座期，早熟品种需20天左右，晚熟品种需25～27天。莲座期是营养生长阶段最活跃的时期，植株的生长量和生长速度都很大，其外叶形成最多，球叶分化最快，叶面积增加也最快。此期结束时，外叶全部展开，全株叶面积达到最大值，主根最长可达1米以上，根系分布直径可达60厘米左右，主要根群分布在距地面5～30厘米处。此期内形成的莲座叶既可为结球期制造大量养分，又是促进结球的主要器官，因此栽培中要合理施肥浇水，促进莲座叶旺盛生长，进而获得高产。

4. 结球期

从心叶开始抱合到形成充实叶球的过程为结球期，是栽培中产品形成的重要时期。这一时期很长，约占整个生长期的1/2时间，其中早熟品种需25～30天，晚熟品种约需45天。根据叶球形成的不同阶段又分为前、中、后3个时期：前期，外层球叶生长形成叶球的轮廓，称为"抽筒"。此期根系不再深扎，但侧根与根毛显著增加，植株吸水吸肥能力极强；中期，内层球叶生长迅速以充实叶球，称为"灌心"。此时叶球内叶片停止分化，叶片数目不再增加，开始花芽分化；后期，外叶养分向球叶转移，叶球体积不再扩大，只是继续充实叶球内部。结球后期植株根系开始衰老，生理活动减缓，进入休眠。栽培中要注意在结球前期和中期的水分和养分供应，而后期要适当控制肥水，降低叶球的含水量，以提高其耐贮性。

三、对环境条件的要求

大白菜对于温度、光照、水分和营养等条件都有较高的要求，而且不同生态类型及品种的要求也不同，同一品种在不同的生长时期也有不同程度的差异。

1. 温　度

大白菜是半耐寒性蔬菜作物，其生长要求温和冷凉的气候，有一定的耐寒性，而耐热能力较弱。营养生长期间适温为10℃～22℃，温度达到25℃以上时生长不良，达30℃以上时则不能适应；在10℃以下生长缓慢，5℃以下停止生长。发芽适温20℃～25℃，幼苗期对温度变化有较强的适应性，既可耐高温，又可耐受一定的低温，适宜温度为20℃～25℃，可耐短时间–2℃的低温和28℃左右的高温；–2℃以下容易受到冻害，26℃以上高温生长不良，而且容易发生病毒病。莲座期适温为17℃～22℃，过高莲座叶生长快但不健壮，容易发生病害；温度过低，则生长迟缓而延迟收获。结球期是产品形成期，对温度的要求最严格，适宜温度为12℃～22℃，昼夜温差以8℃～12℃为宜。在生殖生长阶段对温度条件要求较为严格，种子萌动后15℃以下低温条件20天左右种子通过春化而抽薹开花。抽薹和开花期间温度以10℃～22℃为宜，进入花期后保持在20℃～25℃有利于花粉成熟、雌蕊授粉受精和结实。在常温条件下大白菜种子的寿命一般为1～2年，而在低温条件下

（-10℃～-20℃）贮藏可大幅提高种子的寿命。

苗用型大白菜以幼苗为产品，耐寒性和耐热性都较强，因此可以在寒冷的早春和炎热的夏季栽培；春白菜和娃娃菜具有较强的耐寒性，可以在春季或夏季冷凉的高原地区栽培；耐热大白菜有较强的耐热性，可在夏季或早秋栽培。直筒型白菜对温度条件具有广泛的适应性，平头型较差，卵圆型适应性最弱。

2. 光 照

大白菜种子发芽对光照要求不严格，黑暗与有光条件下均可发芽，但在有光条件下发芽良好，因此在栽培中不宜深播。当子叶出土并平展、第一片真叶开始吐心时就有一定的光合能力，随子叶面积的迅速扩展，光合能力也随之加强，在出土后 8～13 天达最高。莲座期，每天光照时间在 8～8.5 小时可正常生长。光照强，莲座叶肥大平展；光照弱，莲座叶细长而直立不利于形成叶球。在结球期日照强而且时间长有利于叶片的分化、发育和叶面积的扩大，形成强大的外叶而对内部叶片起到遮光作用，从而形成有利的结球条件。同时，长日照对花芽分化、抽薹和开花有促进作用。

3. 水 分

水分是大白菜进行光合作用制造养分和吸收营养的重要原料，对光合作用、营养元素吸收、叶片水势、叶面积和植株的重量影响较大。播种后种子吸涨时要求土壤绝对湿度为 6% 左右，发芽、出苗时需达到 8% 以上，低于 10% 就会出现干旱而造成"芽干"现象。在幼苗期，土壤相对湿度在 40%～100% 范围内，大白菜的叶面积随水分的增加而明显增加。栽培中应经常浇水，保持土壤湿润，防止因土壤干旱和高温而发生病毒病。莲座期是大白菜 4～5 级侧根生长发育的旺盛时期，此时土壤水分过多则根系浅而且增长量小，水分缺乏也不能正常发育，同时水分过多还会引起植株徒长而影响结球，因此要适量地供水和控水"蹲苗"。结球期是大白菜需水量最高的时期，也是决定品质和产量的关键时期，生产中必须保持土壤的湿润状态，但水分过多易造成植株早衰、脱帮和软腐病的发生，因此结球前期和中期应保持充足的水分供应，后期则要控水。在抽薹开花前应适当控制水分的供应，过多或过少的水分均会影响花薹的生长和花蕾的形成。抽薹开花后充足的水分，可促进花薹和花蕾的生长，促进结实。结荚后期过量的水分会使植株贪青而影响种子成熟。

4. 土　壤

大白菜对土壤的适应性较强，但以土层深厚、疏松肥沃、富含有机质的土壤最为适宜生长。在沙壤土中根系发展快，幼苗及莲座苗生长迅速，但因保水、保肥能力弱，在结球期和盛花期因养分和水分供应不充分而生长不良，结球不实或种荚发育不良；在黏重的土壤中根系发展缓慢，幼苗及莲座叶生长缓慢，降水量较大时常发生涝害，造成严重的大小苗现象。到结球期和开花期因为土壤肥沃及保水能力强容易获得高产，但植株含水量大，叶球品质较差，不耐贮藏。同时，抽薹开花期花薹生长迅速，但花枝脆弱易折断，并且软腐病严重。大白菜要求微酸性到中性土壤，pH 值以 6.5～7 为宜，过于酸性的土壤易发生根肿病和缺钙等生理病害，过于碱性的土壤常形成盐碱危害，还易发生干烧心等生理性病害。

5. 矿质营养

大白菜是以叶为产品器官的蔬菜，对氮的要求最敏感，氮素供应充足可以增加大白菜叶绿素含量，提高光合作用能力，促进叶片肥厚，有利于外叶的扩大和叶球的充实。但是氮肥过多而磷、钾肥不足时植株易徒长，叶片大而薄，结球不紧，而且含水量多品质下降，抗病力也有所减弱。磷能促进叶原基的分化，使外叶发生快、球叶分化增加，而且促进养分向球叶运输，促进根系的发育。钾肥能增加大白菜中糖的含量，加快结球速度，有利于叶球的形成。在抽薹开花期，磷、钾肥可明显增加种子产量。

氮、磷、钾对大白菜生长所起的作用不同，能互相促进，但不能互相取代。氮是蛋白质的主要成分，蛋白质是生命的基本物质，氮肥能促进叶绿素的增加，增强光合作用。氮肥适量可以使大白菜叶色变深，叶片增厚，生长速度加快。氮肥缺少时，大白菜生长势衰弱，叶色发黄；氮肥过量时易造成大白菜徒长，叶片大而薄，其品质、抗性、抗逆性、耐贮性均有所下降，还影响植株对钙的吸收，因而易产生干烧心。磷是细胞核的组成成分，能促进细胞分裂，使各器官分化加快。大白菜缺磷时叶面和叶背往往发紫，植株矮小，生长速度变慢，结球迟缓，生长发育受到较大影响。钾能增加大白菜光合作用，促进叶片有机物质的制造和不断向心叶的输送。增施钾肥能促进大白菜生长发育，改善品质，并有增产作用；缺钾时，大白菜生长发育受影响，易使外叶的边沿变黄发脆。

第三章
大白菜品种资源及优良品种

一、品种资源分类

1. 按园艺学特点分类

（1）**散叶变种**　主要在春夏作为绿叶蔬菜栽培，以中生叶为产品，叶片披散，不形成叶球，顶芽不发达。耐寒和耐热能力强，适应性广，是大白菜的原始类型。代表品种有济南白菜、北京仙鹤白等。

（2）**半结球变种**　以叶球和莲座叶为产品，植株高大，顶生叶合抱成球，球顶为半结球状态，叶球中心空虚，顶芽较发达，耐寒性较强，是散叶变种的变种。代表品种有山西大毛边等。

（3）**花心变种**　主要在春秋栽培，以叶球为产品，叶球坚实，叶先端颜色较浅，有白色、黄色等，且向外翻卷，犹如"花心"，顶芽发达，较耐热，是由半结球变种加强顶芽抱合而成的一个变种。代表品种有济南小白心、北京翻新白等。

（4）**结球变种**　以叶球为变种，叶球顶端近于闭合或完全闭合，叶球紧实。顶芽发达，是大白菜的高级变种，也是栽培最普遍的变种。结球变种因气候条件不同又产生了以下 3 种生态型。

①平头型　大陆气候生态型，叶球倒圆锥形，上大下小，叶球顶平坦，叶片倒卵圆形，顶生叶叠抱，中生叶披张。多数品种生长期 90～120 天，少数品种生长期 70～80 天。

②卵圆型 海洋气候生态型，叶球卵圆形，叶球顶圆钝或尖耸，顶生叶倒卵圆形至阔倒圆形，中生叶倒卵圆形至阔倒卵圆形，披张。早熟品种生长期70～80天，晚熟品种生长期90～110天。

③直筒型 大陆气候型与海洋气候型的交叉性生态型，叶球细长、圆筒形、拧抱。球顶近于闭合，顶生叶及中生叶均为阔披针形。生长期60～90天。

2. 按次级类型分类

根据园艺学的4个变种与结球变种的3个生态型之间相互杂交产生了以下大白菜的5个次级类型。

（1）**平头直筒型** 平头型与直筒型的杂交后代，叶球上端大、下端小，球顶闭合、钝圆，顶生叶上部叠抱，中生叶长卵圆形，基部窄，直立。适应性强，尤其适宜大陆性气候。生长期70～90天。

（2）**平头卵圆型** 平头型与卵圆型的杂交后代，叶球圆筒形，较短，球顶闭合、平坦，顶生叶横卵圆形，叠抱，中生叶阔卵圆形、披张。适宜海洋性气候且适应性强。生长期100～110天。

（3）**花心直筒型** 花心变种与直筒型的杂交后代，叶球圆筒形、细长。球顶为花心，直立。中生叶披针形。适宜大陆性气候且适应性强。生长期90天。

（4）**花心卵圆型** 花心变种与卵圆型的杂交后代，叶球卵圆形、球顶为花心。中生叶卵圆形、披张。适宜大陆性气候。生长期100～110天。

（5）**圆筒型** 直筒型与卵圆型的杂交后代，叶球圆筒形，球顶近于闭合、钝圆，半直立。中生叶卵圆形，适宜海洋性气候。生长期100～110天。

3. 按栽培季节分类

（1）**春型** 春季栽培，多为早熟结球品种，不易抽薹，耐寒能力强。

（2）**夏秋型** 多在夏季和早秋栽培，耐热，抗病能力强。

（3）**秋冬型** 秋季和初冬栽培，多为结球的中晚熟品种，是品种最多的一种类型。

4. 按叶球结构分类

（1）**叶数型**　多为卵圆形品种，叶球叶片数量较多，单叶质量轻，中肋较薄，主要靠叶片数量增加球重。

（2）**叶重型**　多为直筒型品种，某些平头型品种也为此类型，叶球叶片数量较少，单叶质量重，中肋肥厚，主要靠最外层十几片叶增加重量。

（3）**中间型**　部分直筒型品种，介于叶数型和叶重型之间。

5. 其他分类

按抱合方式可分为合抱型、叠抱型、拧抱型；按叶柄颜色可分为青帮型、白帮型、青白帮型。

二、优良品种

1. 春结球白菜品种

（1）**品种特点**　春结球白菜是在特殊栽培环境条件下，经过长期的选择和驯化而形成的反季节大白菜栽培种类，其品种在生长期、抗逆性、抗病性等方面都具有特殊的要求，优良的春结球白菜品种应具有以下特点。

①早熟　春季适宜结球白菜生长的时间较短，生产中应用的春结球白菜品种多为早中熟品种，一般要求直播生长期60～70天。

②晚抽薹　春季前期温度较低，播种后大白菜极易接受低温（12℃以下）而抽薹开花。因此，春结球白菜冬性强、晚抽薹，生长前期对低温有良好的适应性，而在结球期耐高温。

③抗病　春季气候变化剧烈，低温、多雨和高温、干旱时常交替发生，加之越冬昆虫的孵化与繁衍，容易造成大白菜病毒病、干烧心等病害的发生、传播和流行。因此，优良的春结球白菜品种要对病毒病、霜霉病、软腐病、干烧心等病害具有较好的多抗性，尤其要抗病毒病和干烧心。

④品质好 春结球白菜栽培主要针对于供应韩国、日本等出口市场和城市居民淡季蔬菜调剂市场，因此对品质要求较高，通常要求品种无辛辣味、苦味，纤维含量少，大白菜的球叶颜色偏向黄色，且适宜于加工泡菜。

⑤耐贮运 春结球白菜主要在高海拔或高纬度地区和气候适宜的集约化种植区栽培，通常远离城市。因此，要求品种耐运输和贮藏，不易脱帮和萎蔫；球叶合抱或叠抱，中等球高、上下等粗，便于包装；叶球大小适中，单株球重2～3千克。

（2）主栽品种

①京春早 北京市农林科学院蔬菜研究中心育成的春白菜一代杂种。早熟，定植后45～50天成熟。生长势强，植株半直立，株高约32厘米，开展度约56厘米，生长整齐一致，外叶深绿皱褶，叶球叠抱、紧实，球高约22.5厘米，横径约16厘米，球形指数约1.4。单株净菜重约1.3千克，净菜率约72%。冬性较强，耐抽薹，品质优良，产量较高。抗霜霉病和黑斑病，耐病毒病。适宜北京、河北、河南、山东等地种植。

②京春99 北京市农林科学院蔬菜研究中心育成的春大白菜一代杂种。极早熟，定植后45～50天收获。生长势中等，株高约38厘米，开展度约60.2厘米。外叶绿色，叶柄白色。叶球炮弹形，结球紧实，球高约24厘米，横径约16.4厘米，球形指数约1.5，单球重约2.1千克，净菜率约72%，每667米^{2}净菜产量5 500～6 000千克。耐抽薹，抗病毒病、霜霉病、黑腐病和软腐病。目前已在北京、山东、河北、河南、内蒙古、黑龙江、云南等地推广种植。

③世纪春 北京市农业技术推广站选育的春大白菜一代杂种。春季栽培从定植至收获65～70天，植株生长势强，株高约38厘米，开展度约57厘米。叶深绿色、倒卵圆形、全缘，外叶12片，叶帮白色，球叶倒卵圆形。叶球合抱、紧实，球高约25.6厘米，横径约16厘米，球形指数约1.6，单球重约2.85千克，净菜率约78.7%，每667米^{2}产量5 000千克左右。耐抽薹性强，抗霜霉病、黑腐病，

中抗病毒病。适宜北京、山东、河北等地区栽培。

④冠春　西北农林科技大学园艺学院蔬菜花卉研究所育成的春大白菜一代杂种。中熟，生育期 60 天左右（从定植到收获）。株高约 37.1 厘米，开展度约 60.3 厘米，生长势强，外叶 13 片，叶色深绿，叶柄白色。叶球浅叠抱，中桩，粗桶形，结球紧实。球叶乳白色，60 片左右，球高约 28.3 厘米，横径约 19.6 厘米，球形指数约 1.5，单球重 1.8～2.5 千克，软叶率约 40.86%，净菜率 73.9% 以上。高抗病毒病、霜霉病、黑斑病、软腐病和干烧心。在栽培叠抱类型春大白菜的地区均适宜种植，一般每 667 米^{2}产量 6 000 千克左右。

⑤春珍白 6 号　山东省济南市历丰春夏大白菜研究所育成的春白菜一代杂种。早熟，生长期约 68 天。株高约 38 厘米，开展度约 55 厘米。外叶上冲，叶绿色，帮白色，叶面有光泽。球叶合抱呈炮弹形，球高约 32 厘米，横径约 24 厘米，净菜率约 59.2%，软叶率约 43.4%，短缩茎约 4.4 厘米，单球重 1.8 千克左右，每 667 米^{2}产净菜 4 500 千克左右。风味品质优，抗病毒病、霜霉病和软腐病。适宜山东等地春季种植。

⑥青研 3 号　山东省青岛市农业科学院选育成的春白菜一代杂种。早熟，播种后 60 天左右成熟。植株稍直立，开展度约 54.1 厘米，株高约 38.2 厘米，外叶绿色、长 32.8 厘米、宽约 27.5 厘米，叶面较皱，叶柄白绿色，平而薄。叶球炮弹形，球顶较尖、舒心，球高约 23 厘米，横径约 15.9 厘米，球叶约 57.4 片，单球重约 1.75 千克，每 667 米^{2}产净菜 4 500～5 000 千克。冬性强，不易未熟抽薹，风味好，综合抗性较强。适宜于山东和长江、黄河中下游及沿海地区种植。

⑦青研春白一号　山东省青岛市农业科学院选育成的春白菜一代杂种。早熟，生长期约 64 天。株高约 36 厘米，开展度约 55 厘米。外叶上冲，叶深绿色，帮白绿色，叶面有光泽。球叶合抱，球顶略舒心，叶球呈炮弹形，球高约 28 厘米，横径约 20 厘米，短缩茎约 4 厘米。净菜率约 63.7%，软叶率约 38.8%，单球重约 1.9 千克，每 667 米^{2}产净菜 5 000 千克左右。中抗病毒病、霜霉病。适宜山东等

地春季种植。

⑧琴萌春王 13 号　山东省青岛国际种苗有限公司选育的大白菜一代杂种。属春白菜品种，生长期约 63 天。株高约 30 厘米，外叶较披张，开展度约为 45 厘米×45 厘米。外叶绿色，叶柄白绿色，球叶叠抱，叶球短直筒形、下部稍细、球顶平圆，球高约 22.2 厘米，横径约 20 厘米，球叶黄绿色，单球重 1.5 千克左右，每 667 米^{2}产净菜 3 610 千克左右。净菜率约 61.3%，软叶率约 48.4%，短缩茎约 4.9 厘米，抽薹率约 1.1%。抗病毒病、霜霉病和软腐病。可在山东省适宜地区作春白菜品种推广利用。

⑨福春 1 号　福建省福州市蔬菜科学研究所选育成的春白菜一代杂种。中熟，耐抽薹，从定植到采收 75 天左右。植株半直立，株高约 31 厘米，开展度约 50 厘米，叶片倒卵圆形，叶深绿色，叶面微皱少毛，叶脉明显，中肋绿白色，外叶约 11 片，叶长约 34 厘米，叶宽约 26 厘米。叶球叠抱、短筒形、中桩，球内叶浅黄色，球高约 28 厘米，横径约 15 厘米，单球重 2～3 千克，净菜率约 75%，每 667 米^{2}产净菜 3 800～4 200 千克。抗病毒病、霜霉病、软腐病。适宜福建省作春白菜种植。

⑩强势　北京市特种蔬菜种苗公司从韩国汉城种苗公司引入。早熟品种，生长期 60～65 天。株高约 38 厘米，开展度约 55 厘米。叶球炮弹形、紧实，外叶少，叶色深绿全缘，叶面光滑平整，中肋浅绿色，内叶黄色。结球能力强，球高约 27 厘米，横径 17～19 厘米，单株重 2～3 千克，每 667 米^{2}产量 4 000 千克左右。抗寒性强，苗期适温 13℃，能耐短期 8℃左右低温，耐抽薹。

⑪春大将　春大将是从日本米可多株式会社引进的春结球大白菜品种。早熟品种，生长期 60～65 天。植株半直立，长势旺盛，整齐一致。株高约 40 厘米，开展度 60 厘米左右，外叶深绿色，中肋白色，球高约 27 厘米，横径 20 厘米左右，叶合抱，叶球长圆形，顶部尖、密闭，单株叶球重约 2.5 千克，每 667 米^{2}产量约 3 000 千克。抗软腐病、病毒病和霜霉病，抽薹晚，适合于高冷地区及平坦

地区春季栽培。

⑫春宝黄 北京世农种苗有限公司选育的春播大白菜一代杂种。中熟，生长期约80天。生长势强，生长迅速、整齐，株高约35厘米，开展度约57厘米，外叶12片。叶片倒卵圆形、绿色全缘，帮绿白色，叶形指数约1.4。叶球矮桩合抱，内叶黄色，叶球紧实，球高约30厘米，横径约20厘米，球形指数约1.5。单球重约4千克，净菜率约72%，品质好。冬性强，抗病毒病、霜霉病、软腐病。

⑬金峰 韩国兴农种苗株式会社选育的春白菜一代杂种，定植后约63天成熟。该品种生长势旺，叶球矮桩圆柱形，外叶深绿色，内叶嫩黄色，叶球合抱，结球紧实，单球重达3千克以上。抗寒性极强，早春种植不易抽薹，抗霜霉病、软腐病及病毒病。在冬季温度高于10℃左右的地区可越冬栽培，在夏季气候凉爽的寒带地区可于5～6月份播种栽培。

⑭春夏王 韩国兴农种子有限公司育成的结球大白菜一代杂种。中熟，生长期约80天，定植后约55天收获。株高约36厘米，开展度约52厘米，叶深绿色，中肋白色。结球紧实、美观，叶球矮桩合抱，球高25～30厘米，横径15～18厘米。结球整齐一致，品质中等，单球重3千克左右。抗病能力强，在短时高温和低温条件下，不易引起结球不良或抽薹现象，适于春夏季栽培。

2. 夏耐热白菜品种

（1）**品种特点** 大白菜喜好冷凉气候，多在温带地区栽培。然而我国长江以南地区及东南亚热带和亚热带地区，气候炎热多雨，大白菜经过长期的自然驯化和人工选择，形成了适于当地栽培的耐热大白菜类型，其代表品种有早皇白、漳浦蕾、亚蔬一号等。同时，我国育种工作者也相继育成了一批耐热、适于夏季栽培的品种，纵观这些品种均具有以下特点。

①耐热 夏季气候炎热，普通大白菜品种自幼苗期开始就会受到高温的影响，叶片会出现不同程度的热害症状，如叶片反卷、叶柄皱缩，使得大白菜幼苗生长不良或直接死亡，包心期心叶不能闭

合成叶球。因此，夏季栽培大白菜品种首先应该具有较强的耐热性，一般要求品种在气温24℃～28℃条件下能正常生长，莲座期在23℃～27℃条件下生长快，而在22℃～34℃温度范围内结球正常，即使在气温短时高达38℃～40℃条件下也能形成叶球，且高温结球速度快。

②早熟　夏季适宜大白菜生长的温度条件（日均温12℃～22℃）较短，加之此期病毒病、软腐病、蚜虫、菜青虫等病虫害发生和流行较为严重，生长期越短的品种，越易栽培成功。通常夏播大白菜品种为极早熟或早熟品种，要求在较短的生长期内能形成紧实的叶球。夏大白菜育苗移栽生长期45～55天，直播生长期不超过60天。

③抗病　夏播大白菜苗期高温干旱、蚜虫繁殖频繁、病毒病表现比较严重。进入生长后期又值多雨季节，易暴发软腐病和霜霉病，影响产量和品质。一般要求夏季耐热大白菜品种必须抗病毒病和霜霉病，并具有一定的抗软腐病能力。

④优质　夏季炎热、高湿的环境条件使得大白菜生长过程中植株内部的生理代谢紊乱，对营养物质的吸收产生障碍，进而会严重影响大白菜的品质。因此，优良的耐热大白菜品种要具有品质脆嫩、无辛辣味、苦味、纤维含量少等优点，叶球一般以白色、浅黄色居多。

⑤个体小　因为夏季的特殊气候条件，使得目前大多数耐热的育种材料个体偏小，通过杂交手段增加单球重量难度较大。多数夏季耐热品种的总叶片数约40片，其中外叶8～9片、球叶28～32片；株形紧凑，开展度约50厘米，生产上宜密植；净菜率约75%，单球重0.5～1千克，中等球高，中桩叠抱或头球形。

（2）品种介绍

①中白50　中国农业科学院蔬菜花卉研究所育成的一代杂种。早熟、耐热，生育期45～50天。株形直立，外叶绿色、光滑无毛，叶柄白绿色。叶球高约30厘米，横径约11厘米，单株重约1.1千克，每667米^{2}产净菜3 200千克左右。高抗病毒病，抗霜霉病和

黑斑病。外叶柔嫩、无筋，品质好，在叶球未充实前即可上市。生长快，结球迅速，成熟后不易开裂，商品球供应期长。适宜在北京地区作夏秋季早熟耐热栽培。

②京夏王 北京市农林科学院蔬菜研究中心育成。耐热、耐湿、抗病、质优、早熟，生长期50～55天，株形半直立，株高约33.3厘米，开展度约57.1厘米，外叶绿色，叶面皱，叶柄白色，叶球叠抱。球高约18.5厘米，横径约14.5厘米，球形指数约1.3，结球紧实，单株净菜重约1.2千克，每667米^{2}产量3 500～4 000千克，净菜率约75%。适于北京地区及河北、河南、山东、湖南、广东、海南等地种植。

③京夏1号 北京市农林科学院蔬菜研究中心育成。早熟大白菜品种，生育期55～60天。株形半直立，株高约32.6厘米，开展度约64厘米。外叶深绿色，叶柄白色，叶球叠抱，球高约20.1厘米，横径约14.2厘米，球形指数约1.4，结球紧实，单株净菜重约1.2千克，净菜率约76%，每667米^{2}产净菜2 600千克左右。抗病毒病、黑斑病，耐霜霉病。适宜北京地区夏季种植。

④珍白1号 山东省济南市历丰春夏大白菜研究所育成的大白菜一代杂种。早熟一代杂交种，生长期57天左右。株高36厘米左右，开展度约52厘米，叶片椭圆形、绿色，叶缘波状，叶面微皱，背有刺毛，叶柄白绿色。叶球合抱、炮弹形、淡绿色，球高约27.8厘米，横径约16.7厘米，球叶数约33片，单球重约2.4千克，平均每667米^{2}产净菜3 200千克，净菜率约79%。抗病毒病、霜霉病，较抗软腐病。适宜在山东、河北、山西、北京等地种植，夏季最高气温不高于36℃的地区可作春、夏、秋3季用品种。

⑤天正夏白2号 山东省农业科学院蔬菜花卉研究所育成的大白菜一代杂种。高温结球性好，为夏季专用品种，生长期45～50天。株高约30厘米，开展度约40厘米，帮白色，叶绿色，叶球卵圆形。单球重1～1.2千克，净菜率约55%，软叶率约60.7%，品质佳，每667米^{2}产净菜3 000千克左右。抗病毒病、霜霉病、软

腐病。适宜山东等地夏季栽培。

⑥夏白45　山东省农业科学院蔬菜花卉研究所育成的大白菜一代杂种。早熟，耐热，生长期45～53天，耐38℃高温。外叶绿色，帮白色，叠抱，叶球头球形，单球重约1千克，净菜率约66.7%，软叶率约59.7%，包心后充心快，风味品质较好。抗病毒病、霜霉病和软腐病。适宜山东等地夏季栽培。

⑦豫早一号　河南省农业科学院园艺所育成的大白菜一代杂种。生育期约55天，外叶深绿色，叶面光滑少茸毛，株高约43.8厘米，开展度约59.3厘米，外叶6～7片。叶球矮桩叠抱、倒锥形，包球特别紧实，单球重约1.5千克，球高约22.4厘米，横径约15.2厘米，球形指数约1.47，净菜率约58.7%，软叶率约57.2%，每667米^{2}产净菜3 500～4 000千克。口感好，风味佳，抗病毒病、霜霉病、软腐病、黑斑病、黑腐病等多种病害。适宜河南、山东、河北、陕西、山西、安徽、湖北、江苏等地种植。

⑧胶研夏锦　山东省青岛胶研种苗研究所育成的大白菜一代杂种。属夏白菜品种，生长期约56天。株高约35厘米，外叶半直立，开展度约50厘米，叶绿色，帮白色，叶面有光泽，叶脉稀。叶球近倒锥形，球叶叠抱，球顶圆，球高约28厘米，横径约25厘米，单球重1.2千克左右，每667米^{2}产净菜2 800千克左右。净菜率约57.2%，软叶率约56.1%，不结球率约4.1%，风味品质较好。耐热性较强，抗霜霉病、病毒病、软腐病。在山东省（胶东半岛除外）适宜地区作为夏白菜品种推广利用。

⑨夏圣白1号　山东省青岛市胶州大白菜研究所育成的大白菜一代杂种。夏播杂交品种，生长期约60天。株形半直立，株高约35.1厘米，开展度约60.5厘米，外叶13片左右。叶倒卵圆形，叶绿色，叶缘锯齿单锯，叶面稍皱，白帮。叶球浅绿色，头球形，内叶白色，叶球顶部叠抱，叶球高约24厘米，横径约15厘米，单球重约1.5千克，软叶率约44%，净菜率约84.1%，每667米^{2}产净菜4 200千克左右。菜形整齐一致，结球紧实，品质优良，抗霜霉

病、黑腐病、病毒病。适宜北京地区夏季栽培。

⑩夏抗 55 重庆市农业科学院选育的大白菜一代杂种。早熟、耐热性强，定植后 57～60 天收获。株高约 33.5 厘米，开展度约 45 厘米，株型较大，宜稀植栽培。叶片无毛、叶色浓绿，叶背附蜡粉，叶帮浅绿色、叶球叠抱、浅白色、倒圆锥形，球高约 22.7 厘米，横径约 14.3 厘米。高温下结球紧实，单球重 1～1.5 千克，每 667 米^{2}产净菜 3 000 千克左右。抗病毒病和软腐病。在我国西南、长江流域、黄河中下游地区可越夏栽培。

⑪夏阳 50 由日本引进的大白菜一代杂种。极早熟，生长期 50～55 天。生长旺盛，株形直立，可密植。外叶少，叶片稍有皱缩，结球紧实，耐贮运，品质优良，单株重 2 千克左右，每 667 米^{2}产净菜 4 000～4 500 千克。耐湿、抗热性强，在 30℃～35℃高温条件下仍生长正常。较抗软腐病和病毒病。

3. 早秋白菜品种

（1）品种特点 早秋播种大白菜生长期短，而种植期正好处于高温、多雨季节，与春夏大白菜相比具有以下特点。

①耐热 早秋白菜由于播种育苗和生育期均处于高温季节，能够在此气候条件下结球，必须具备一定的耐热性。

②早熟 早秋白菜介于夏白菜和秋白菜之间，主要是供应中秋、国庆节日期间的市场空白，所以要求早熟，一般播后 55～65 天成熟，生育期过短叶球太小，产量较低；过长则不利于早熟，错过最佳上市时期而降低经济效益。

③耐湿 早秋白菜大部分生长时期均处于雨季，经常性的降水导致空气和土壤湿度均比较高，耐湿性强的品种生长发育速度快，易于结球。

④抗病 早秋高温多雨，霜霉病、病毒病、黑腐病、软腐病等病害发生严重，因此对品种的抗病性有较高的要求。

2. 品种介绍

①早心白 河北省农林科学院经济作物研究所选育成的早熟一

代杂种。生长期约58天，生长势强、耐热。株高约45厘米，叶长约40厘米、宽约25厘米。外叶绿色，成熟时似莲花状，叶球合抱，心叶白绿色，鲜嫩、纤维少，适口性好。单球重约2千克，净菜率约75%，每667米²产净菜3 000～4 500千克。高抗病毒病、软腐病，抗逆性强。适合河北省及其他同类地区种植，主要供应中秋和国庆双节。

②津秋65　天津科润蔬菜研究所最新育成的秋早熟大白菜一代杂种。生育期65天左右，矮桩直筒抱头类型。株高约35厘米，球高约32厘米，球径约14厘米，开展度约55厘米，单球重约2.5千克，每667米²产净菜5 000千克左右。株形紧凑，叶深绿色，帮浅绿色，球顶叠包，叶纹适中，品质优良。结球性和早熟性强，抗病性强。可作为青麻叶外贸出口品种，供应国际市场。

③浙白4号　秋早熟大白菜一代杂种，生育期55～60天。开展度约58厘米，株高约38厘米，叶球粗筒形，叶片无毛，外叶深绿色，帮纯白色，叶球高桩半叠抱，球高约30厘米，横径约17厘米。球形指数约1.7，球顶叶淡绿色，球体洁白，单球重约1.5千克，软叶率约38%，净菜率约68%。高抗霜霉病、病毒病及黑腐病。生长速度快，生长势强，耐热性较好，结球率高，品质好，成熟期耐病性强，延续采收期达15～20天，每667米²产净菜4 300千克左右，适于早秋栽培。

④豫新58　河南省农业科学院园艺研究所育成的早熟大白菜一代杂种。早熟，生长期58～60天。株形较平展，株高约36厘米，开展度约57厘米。外叶7片、绿色、倒阔卵形、茸毛少，叶柄白色。叶球矮桩叠抱、倒锥形、绿白色，球高约25厘米，横径约16.9厘米，球形指数约1.48。单球重1.5～2千克，净菜率约72.38%，软叶率约60%，每667米²产净菜5 000千克左右。叶球整齐一致，紧实度约91.12%。叶质柔嫩，口感略甜，风味佳，生食、熟食皆宜。高抗病毒病和软腐病，抗霜霉病和黑斑病。适宜华北地区早熟栽培。

⑤绿星58　辽宁省沈阳市绿星大白菜研究所选育。夏季较抗热、秋天高抗病、冬天耐贮藏，种植58天即可上市，68天采收产量高。帮青色，叶球尖炮弹形、绿色，球高约38厘米，横径约23厘米。高抗病毒病、霜霉病、软腐病、黑腐病、白斑病，不烂心，商品性状好，品质极佳，耐贮运。贮藏期无叶芽、不抽薹、不脱帮。单株净球重3千克左右，每667米²产净菜8000千克左右。我国南北各地均可种植。

⑥郑早60　河南省郑州市蔬菜研究所选育而成。早熟，生育期55～60天。幼苗外叶碧绿，叶面茸毛极少，整个生育期植株生长势强，结球紧实。外叶数14片左右，叶片倒卵圆形，全缘钝锯，叶面微皱无毛，绿白帮，叶球叠抱、短柱形，株形半直立，适宜密植。株高约32厘米，开展度约65厘米，球高约26.9厘米，横径约17厘米，球形指数约1.53，商品性状好，码放整齐，适宜长途运输。丰产稳产，单株毛重3.13～3.5千克，单株净重2.5～3千克，净菜率约74%，每667米²产净菜6000千克左右。高抗病毒病和软腐病，抗霜霉病。品质柔嫩，口感好，食用风味佳。适应性广，主要作早秋栽培。

⑦新早58　河南省新乡市农业科学院选育的秋早熟大白菜一代杂交种。生长期约59天，株高30～35厘米，开展度55～60厘米，外叶半直立、深绿色、少刺毛，叶柄较薄、绿白色。叶球卵圆形，球叶叠抱，球高约24厘米，横径约17厘米，单球重约1.4千克，净菜率约63.4%，软叶率约46.4%，每667米²产净菜4000千克左右。抗病毒病，中抗霜霉病。

⑧水师营10号　辽宁省大连市水师营蔬菜种子研究所选育而成的秋早熟一代杂种。生长期60～65天，植株半高桩直筒形，生长势强，叶绿色，帮绿白色，株高约37.7厘米，开展度约59.3厘米，叶面微皱有亮光，外叶直立，叶球叠抱，球高约32厘米，横径约17厘米，球形指数约1.8，净菜率约77%，每667米²产商品菜6300千克左右，综合抗性好，商品品质及风味均较好，叶球上下等粗，

非常适合包装运输。适于早秋及秋延后栽培，全国各地均可种植。

⑨秋珍白 6 号　山东省济南市历丰春夏大白菜研究所育成的一代杂种。秋早熟白菜品种，生长期约 63 天。株高约 46 厘米，开展度约 60 厘米，叶绿色，叶面皱褶，叶柄及中肋绿白色。球叶合抱，球顶略尖，叶球长椭圆形，单球重 3.2 千克左右，净菜率约 57.5%，软叶率约 47.9%，每 667 米^{2}产净菜 4 500～5 000 千克，风味品质较好。抗霜霉病、软腐病、病毒病。适宜作秋早熟大白菜栽培。

4. 秋白菜品种

（1）品种特点　秋季是大白菜最适宜的栽培季节，在一年中栽培面积最大、销售量最多、销售时间最长。尤其是在北方地区以贮藏为主的秋季大白菜栽培是解决 1～2 月份冬淡季的重要蔬菜，对菜篮子工程起着至关重要的作用。优良的品种是取得丰产的关键，秋白菜品种应具备以下特点。

①耐贮藏　秋播大白菜主要是以冬储方式供应秋、冬、春市场，因此秋白菜主要的特点就是耐贮藏。在贮藏过程中不脱帮、不裂帮；不易早衰，经贮藏后叶球损耗率不超过 25%；侧芽不萌发、短缩茎不明显伸长，秋季采收时短缩茎呈圆形至扁平形为好；经数月贮藏后，品质风味无明显变化。

②高产　秋播大白菜品种主要以生长期 70～90 天的中晚熟品种为主。此类品种生态适应性强，植株个体较大，株形紧凑，外叶少、较直立，叶球硕大而紧实，净菜率高，易于获得高产，一般单球重 3～6 千克，每 667 米^{2}产净菜 5 000～8 000 千克。

③抗病　秋播面积大，而且多为老菜区栽培，病虫害种类多且区域性特点突出，以同时抗病毒病、霜霉病、软腐病、黑腐病等多抗品种为最佳，部分地区要突出抗根肿病、干烧心病、褐腐病等多年连续严重发生的病害。

④优质　秋白菜主要以鲜食和加工为主，对品质的要求较高。商品品质上等，叶球的整齐度与紧实度要高，一般情况下品种整齐度应达到 95% 以上，叶球间的重量差异小；风味品质上等，生食质

地脆嫩多汁、味稍甜无辣味，熟食口感绵软、易嚼烂、无异味；营养品质上等，大白菜的可溶性糖、氨基酸含量要高，而有机酸、粗纤维含量要低。

⑤耐运输　当前秋白菜栽培主要以外销为主，要求品种叶球的形状、抱合方式要适于运输和包装。一般以叶球筒形、炮弹形、叠抱或合抱的品种为好；叶球在运输途中不脱帮、不感染病害；叶球水分不易散失，在适宜的贮运条件下能保持 10～15 天的货架期。

（2）品种介绍

①津绿 75　天津市蔬菜研究所育成的中熟结球白菜一代杂种。生长期 75 天左右，株形直立紧凑，株高约 55 厘米，开展度约 62 厘米，为高桩直筒青麻叶类型。外叶少，叶深绿色，叶柄浅绿色，叶球拧抱，球顶花心，球高约 50 厘米，单株净菜重 3～3.5 千克，每 667 米^{2}产净菜 6 500～8 000 千克。品质佳，抗病毒病和霜霉病。天津地区适宜播种期为 8 月上旬，10 月中旬收获，行株距 56 厘米×50 厘米，每 667 米^{2}种植 2 400 株左右。适宜全国各地种植。

②北京新 3 号　北京市农林科学院蔬菜研究中心育成的中晚熟白菜一代杂种。生长期约 80 天，株形半直立，生长势较强旺。株高约 50 厘米，开展度约 75 厘米，叶色较深，叶面稍皱，叶柄绿色。叶球中桩叠抱，球高约 33 厘米，横径约 19.3 厘米。结球速度快、紧实，单株净菜重约 4.2 千克，净菜率约 85%，每 667 米^{2}产净菜 7 500～8 500 千克。抗病毒病、霜霉病和软腐病，品质好，耐贮存。适宜华北地区种植。

③中白 80　中国农业科学院蔬菜花卉研究所育成的中晚熟大白菜一代杂种。生育期 80～85 天。外叶深绿色，球叶绿色，叶柄浅绿色，叶球高桩叠抱，球高约 43 厘米，横径约 21 厘米，单株毛菜重约 5 千克，净菜重约 3.8 千克，净菜率约 70%，每 667 米^{2}产净菜 6 800 千克左右。抗病毒病、霜霉病，耐软腐病。适宜北京、河北、西北等地秋季栽培。

④中白 78　中国农业科学院蔬菜花卉研究所育成的中晚熟大白菜一代杂种。生长期 75～80 天。植株半直立、中桩合抱、炮弹形，株高约 42 厘米，最大叶长约 43 厘米、宽约 32 厘米，叶深绿色，叶柄浅绿色，叶面稍皱，刺毛少，叶缘钝锯无波褶，外叶约 10 片。球高约 36 厘米，横径约 24 厘米，叶球绿色，单球重约 3.9 千克，球叶约 45 片，软叶率约 46%，净菜率约 70%，每 667 米^{2}产净菜 5 300 千克左右。高抗病毒病、霜霉病，中抗黑腐病。适宜东北大部、华北、西南等地作秋季中晚熟栽培。

⑤改良青杂 3 号　山东省青岛市农业科学研究所育成的晚熟大白菜一代杂种。生长期 95～100 天。株高约 45.5 厘米，开展度约 87.4 厘米，外叶绿色，叶面较皱，叶脉细，叶面薄而平。叶球短圆筒形，球叶浅黄色，球顶圆，叠抱，球高约 30.5 厘米，横径约 25.2 厘米，球叶约 65 片，单球净重 3～4 千克，每 667 米^{2}产净菜 5 000 千克左右。冬性强、耐抽薹，品质好，较抗霜霉病和软腐病。适宜在天津、河北、内蒙古、山西、北京、甘肃、云南、福建等地栽培。

⑥琴萌 2 号　山东省青岛国际种苗有限公司选育的晚熟大白菜一代杂种。晚熟品种，生长期 85 天左右。株高约 48 厘米，开展度约 79 厘米，外叶绿色，叶柄绿色，中肋较薄，叶面较皱。叶球倒卵圆形，黄绿色，叠抱，圆顶，球叶 41 片，球高约 31 厘米，横径约 22 厘米，单球重 4～5 千克，每 667 米^{2}产净菜 5 000 千克左右。高抗病毒病、霜霉病、软腐病、兼抗黑斑病，风味品质良好。适宜在北京、山东、河北、河南、浙江等地种植。

⑦德丰一号　山东省德州市德高蔬菜种苗研究所育成的秋中晚熟一代杂种。生长期 80～85 天。植株较披张，开展度约 65 厘米，外叶浅绿色，叶面较皱，叶柄白绿色、稍凹。球叶叠抱、浅黄色，球叶约 49 片，球高约 28 厘米，横径约 20 厘米，叶球近短圆筒形、下部稍细，球顶圆，球形指数约 1.4，单球重 4.5 千克左右，净菜率约 73.9%，软叶率约 52.3%，每 667 米^{2}产净菜 7 000 千克左右。抗

病毒病和霜霉病。适宜在鲁南、鲁西南、鲁中、鲁北、鲁西北地区作秋白菜中晚熟品种推广利用。

⑧丰抗78　山东省莱州市农业科学院蔬菜种苗研究所育成的秋晚熟大白菜一代杂种。生长期75～80天。株高约51厘米，开展度约70厘米，外叶深绿色，叶柄绿白色，柄宽约7厘米。叶球合抱，心叶闭合，球叶白绿色，球形指数约1.9，结球紧实，叶球炮弹形。单株重5千克左右，净菜率约80%，软叶率约47%，每667米^{2}产净菜达10 000千克左右。生长势强，丰产稳产，品质优良，商品性好，耐贮。高抗霜霉病、软腐病、病毒病。适于全国各地大白菜产区栽培。

⑨沈农超级白菜　沈阳农业大学选育而成的中晚熟大白菜一代杂种。株高约44.5厘米，开展度约55.6厘米，青白帮，花心直筒形，叶球短粗，球形指数约2.5，单球重4～5千克，叶球淡绿色，结球率约98.5%，净球率82.8%。在辽宁沈阳地区生长期75～80天。抗霜霉病和病毒病，品质佳，每667米^{2}产量7 000千克左右。适宜辽宁省各大白菜产区种植。

⑩辽白12号　辽宁省农业科学院蔬菜研究所选育而成的秋晚熟一代杂种。叶球长筒形，生长期约82天。植株高度整齐，株高约54.1厘米，开展度约60.7厘米，最大叶长55.4厘米，最大叶宽29.5厘米，叶深绿色，中肋绿白色，叶球黄白色，球高约44.4厘米，横径约15厘米，商品品质好，风味品质中等。结球率约99.7%，球形指数约81.02，每667米^{2}平均产净菜8 366.9千克。适于辽宁省的沈阳、朝阳、阜新、锦州、葫芦岛、辽阳、鞍山、营口等直筒型大白菜产区栽培。

⑪水师营91-12　辽宁省大连市旅顺口区水师营农业科技服务站选育的秋晚熟大白菜一代杂交种。株高约45厘米，开展度约60厘米，矮直筒形，帮绿白色，叶深绿色，叶面微皱有光泽，外叶直立，球叶叠抱、短筒形，叶球高约35厘米，横径约16.8厘米，单株净菜重约4.55千克，单株净球重约3.54千克，净菜率约78%，

每 667 米^{2}产净菜 8 500 千克以上。大连地区生长期 75～80 天。结球期抗霜冻、耐低温、耐贮藏，高抗病毒病、霜霉病、软腐病。适宜辽宁省的大连、营口、辽阳、鞍山、沈阳、阜新、锦州、葫芦岛等地种植。

⑫ 绿星 80　辽宁省沈阳市绿星大白菜研究所选育而成的秋晚熟一代杂种。生育期约 80 天。青白帮，直筒合抱，叶片绿色，球高约 43 厘米，横径约 17 厘米。高抗病毒病、抗软腐病、霜霉病，净菜率高，品质极佳，商品性好，耐贮藏，贮藏期无叶芽、不抽薹。帮宽而薄，是腌渍（酸、泡、辣）白菜和贮菜上市的理想品种。单株净球重 4 千克左右，每 667 米^{2}产净菜 8 000 千克左右。我国南北各地均可种植。

⑬ 新乡小包 23　河南省新乡市农业科学研究培育的杂交大白菜品种。株高约 36.5 厘米，开展度约 73.3 厘米，外叶深绿色多皱，叶柄绿白色。叶球叠抱紧实，球高约 22.4 厘米，横径约 21.8 厘米，球形指数约 1.03，单球重 3 千克左右，净菜率约 76.5%，软叶率约 62.5%。每 667 米^{2}产净菜 5 300～8 200 千克。中早熟，生育期约 70 天。纤维少，口感纯正，品质优良。高抗病毒病和干烧心病，耐霜霉病和软腐病，对肥水要求不严格，耐贮性好，冬性强。适宜河南、河北、山东、陕西等地秋季晚播和春季保护地栽培。

⑭ 豫新 1 号　河南省农业科学院生物技术研究所育成的中熟白菜一代杂种。生长期 70 天左右。株高约 36 厘米，开展度约 70 厘米，外叶绿色，叶柄白色。叶球矮桩叠抱，球高约 28 厘米，横径约 22 厘米，球形指数约 1.28，单株净菜重约 4.1 千克，净菜率约 70%，每 667 米^{2}产净菜 6 500 千克左右。高抗病毒病、霜霉病、软腐病，品质佳，商品性状优。适宜在北京、河南、山东、浙江等地栽培。

⑮ 秦白 3 号　陕西省农业科学院蔬菜花卉研究所选育成的晚熟大白菜一代杂种。晚熟，生育期 90 天左右。株高约 63 厘米，开展度约 54 厘米，为高筒形品种。外叶深绿色，球叶黄绿色，帮白色。单株净重 5～7 千克，净菜率 80% 左右，每 667 米^{2}产净菜 8 000～

9 000 千克。较抗病毒病、霜霉病，兼抗黑斑病、黑褐病、黑胫病，耐贮运，适应性广。适宜全国各地秋季栽培。

5. 特色白菜品种

（1）**彩色白菜品种**　彩色大白菜有别于常规大白菜主要是心叶颜色，以黄心、橘红心等色彩较为艳丽的品种为主，其外叶多为绿色。秋播有早熟及中晚熟品种，生育期 50～80 天不等。株形多半直立，叶球叠抱，内叶颜色鲜艳，切开后经太阳微晒更加艳丽醒目。结球紧实，净菜率高，口感品质极佳。对病毒病、霜霉病及软腐病抗性强。在肥水充足的情况下产量较高，一般每 667 米^2 产净菜 6 500～7 000 千克及以上。彩色白菜营养价值高，维生素 A、维生素 C 及胡萝卜素的含量均为普通白菜的 15 倍以上，口感清新爽口，略带甜头，回味无穷。

①**金冠 1 号**　西北农林科技大学园艺学院蔬菜花卉研究所白菜研究室育成的彩色大白菜一代杂种。中晚熟，生育期 85～90 天。株高约 40 厘米，开展度约 70 厘米。外叶深绿色，叠抱。叶球高头球形，球形指数 1.28，单球净重 2.5～3.5 千克，结球紧实，每 667 米^2 产净菜 6 500～7 000 千克。叶球颜色美观，商品性好。球叶外层 2～3 片叶为绿色，内层叶为金黄色，软叶率高，粗纤维少，品质极佳。熟食、腌渍颜色不变；生食质地脆嫩，味甜，口感佳。高抗病毒病、霜霉病、黑斑病、软腐病。该品种在陕西省及全国栽培叠抱类型秋大白菜的地区均可种植。

②**金冠 2 号**　西北农林科技大学园艺学院蔬菜花卉研究所白菜研究室育成的彩色大白菜一代杂种。中熟，生育期 75～80 天。株高约 41 厘米，开展度约 65 厘米，外叶皱缩明显、叠抱。叶球高头球形，球形指数 1.4，单球净重 2.5～3 千克，净菜率 75% 以上，结球紧实，每 667 米^2 产净菜 6 000 千克左右。叶球颜色美观，商品性好。球叶外层 2～3 片叶为绿色，内层叶为橙黄色。软叶率高，粗纤维少，品质极佳。熟食、腌渍颜色不变；生食质地脆嫩，味甜，口感佳。高抗病毒病、霜霉病、黑斑病、软腐病、干烧心。该

品种在陕西及全国栽培叠抱类型秋大白菜的地区均可种植。

③北京橘红心 北京市农林科学院蔬菜研究中心育成的晚熟白菜一代杂种。生长期约 80 天。株形半直立，株高约 37.3 厘米，开展度约 61.7 厘米，外叶绿色，叶柄绿色，叶球中桩叠抱，球内叶橘红色，球高约 27.8 厘米，横径约 15.4 厘米，球形指数约 1.8。结球紧实，单株净菜重约 2.2 千克，每 667 米²产量 7 000 千克左右，净菜率约 82%。抗病毒病、霜霉病和软腐病，品质优良，可作稀特菜栽培。

④北京橘红二号 北京市农林科学院蔬菜研究中心选育而成的早熟一代杂种。生长期 65～70 天。株形半直立，株高约 34.2 厘米，开展度约 64.2 厘米，叶深绿色，叶面皱，叶柄浅绿色，叶球中桩叠抱，球叶橘红色，球高约 25.8 厘米，横径约 15 厘米，球形指数约 1.72。结球紧实，单株净菜重约 2 千克，每 667 米²产量 5 500 千克左右，净菜率约 70%。抗病毒病、霜霉病和软腐病，品质优良，可作稀特菜栽培。

⑤天正橘红 58 山东省农业科学院蔬菜花卉研究所育成的早熟一代杂种。生育期约 58 天。单球净重 1～1.5 千克，株形直立，叶球合抱，外叶绿色，内叶橘红色，切开后经太阳微晒后色泽更加艳丽。结球紧实，净菜率约 77.9%，每 667 米²产净菜 3 272.7 千克左右。口感好，品质佳，生食微甜，熟食易烂。对霜霉病、病毒病、软腐病抗性强。

（2）**娃娃菜品种** 娃娃菜因个体娇小、生长期短、质地脆嫩、风味佳良，深受消费者厚爱。目前，娃娃菜产品已广泛出现于超市货架、宾馆饭店的餐桌及礼品蔬菜包装箱中。在高海拔地区和气候温和季节种植品质最佳，是我国有推广前途的名优特菜品种。娃娃菜实际上是适合于密植栽培的小型化大白菜品种，每 667 米²可定植 8 000～10 000 株。商品球高 20 厘米左右，直径 8～9 厘米，上下等粗，单株净菜重 150～200 克。娃娃菜极早熟，从播种至收获 45～55 天，结球速度快，晚抽薹性较强。娃娃菜球叶以金黄色、浅黄色为主，帮薄脆嫩，风味独特，生食无异味。

①京春娃娃菜 北京市农林科学院蔬菜研究中心育成的极早熟春大白菜一代杂种。株型较小，适于密植，包球速度快，品质佳，定植后 45～50 天可采收。外叶绿色，叶球合抱，球叶浅黄色，球高约 15 厘米，横径约 5 厘米，单球重 200～300 克，每 667 米^2 产净菜 7 000 千克左右。叶球上下等粗，适合包装运输。抗病毒病、霜霉病和软腐病，耐抽薹性强。适宜春季种植。

②京春娃 2 号 北京市农林科学院蔬菜研究中心育成的小株型大白菜一代杂种。定植后 45～50 天收获。株形较直立，叶球炮弹形，合抱，叶球绿色，心叶浅黄色。株高约 29.4 厘米，开展度约 34.3 厘米，叶球高约 22 厘米，横径约 9.8 厘米，球形指数约 2.3，单球重约 0.6 千克，净菜率约 63.6%，每 667 米^2 产净菜 5 000 千克左右。耐抽薹，抗霜霉病、病毒病和黑腐病。适宜北京地区春播栽培。

③京秋娃娃菜 北京市农林科学院蔬菜研究中心选育的小株型大白菜一代杂种。生长期约 56 天。株形半直立，株高约 32 厘米，开展度约 36 厘米，叶绿色，叶球合抱、筒形，叶球绿色，心叶浅黄色，叶球高约 24 厘米，横径约 10 厘米，球形指数约 2.4，外叶约 8 片，球叶约 38 片，单球重约 0.6 千克，净菜率约 62.4%，每 667 米^2 产净菜 5 500 千克左右。抗霜霉病、黑腐病，高抗病毒病。适宜北京地区秋季栽培。

④琴萌 1 号 山东省青岛国际种苗有限公司选育的小型大白菜一代杂种。生长期 60 天左右。植株较直立，外叶少，株高约 22 厘米，开展度约 40 厘米。叶面较皱，外叶深绿色，叶柄绿白色、薄而较平。叶球短筒形、半叠抱，球高约 20.2 厘米，横径约 16.1 厘米，结球紧实，球外叶深绿色，球内叶黄色，作娃娃菜栽培单球重 0.25 千克左右，净菜率约 68%，每 667 米^2 净菜产量 5 000～6 000 千克。高抗病毒病和软腐病，抗霜霉病，冬性强。适宜山东省和东北、云贵等地春、秋两季种植。

⑤九千娃娃菜 1 号　山东省春秋大白菜育种研究中心选育的橘红心娃娃菜一代杂种。生育期 45～55 天。耐先期抽薹，耐热性强。株高约 25.4 厘米，开展度约 30.5 厘米，外叶深绿色，叶面多细核桃纹，叶柄白绿色，叶球合抱舒心、筒形，球内叶橘红色，球高约 18.5 厘米，横径 8～12 厘米，平均中心柱长 4.3 厘米，单球重 0.32～2.11 千克，净菜率约 60%，每 667 米^{2}净菜产量 3 700～5 800 千克。高抗芜菁花叶病毒，兼抗霜霉病、软腐病和干烧心等多种病害，品质佳。适合春、夏、秋多季栽培。

⑥韩国金娃娃　韩国引进的一代杂交种。极早熟，生育期 45～50 天。植株生长强健，株高约 30 厘米，开展度约 35 厘米，外叶深绿色。叶球合抱、圆筒形、上下一致，开展度小，结球紧实、浅绿色，内叶嫩黄色，叠包坚实。叶球高约 20 厘米，横径约 12 厘米，毛重约 1.73 千克，净菜单球重约 1.1 千克，每 667 米^{2}产净菜 5 500 千克左右。耐抽薹，菜帮薄甜嫩，口感细腻，味道鲜美，商品性佳。抗干烧心病、病毒病、霜霉病、软腐病及黑腐病性强，耐寒、耐抽薹。适宜甘肃省兰州地区种植。

⑦金娃娃　北京市特种蔬菜种苗公司选育的春播小株型大白菜一代杂种。定植后 50 天收获。植株半直立，叶色深绿，外叶叶面微皱，白帮。球叶合抱、短筒形、绿色，内叶黄色。株高约 31.9 厘米，开展度约 35 厘米，叶球高约 22.3 厘米，球形指数约 2.2，净菜率约 65.3%，单株净菜重约 0.7 千克，每 667 米^{2}产净菜 6 000 千克左右。抗病毒病、黑腐病和霜霉病。适宜北京地区春播栽培。

⑧高丽金娃娃　韩国引进的小株型高山娃娃菜。全生育期 55 天左右。开展度小，外叶少，株形直立，结球紧密，内叶金黄艳丽，富含多种维生素，适宜密植。球高 20 厘米左右，横径 8～9 厘米，品质优良，高产，帮薄甜嫩，味道鲜美柔嫩，风味独特。抗逆性较强，耐抽薹，适应性广。适宜春、秋两季露地和保护地栽培，垄作、畦作均可，以垄作更佳。

⑨高丽贝贝　韩国引进的小株型袖珍白菜。全生育期 55 天左

右。开展度小，外叶少。株形直立，结球紧密，适宜密植。球高20厘米左右，横径8～9厘米，品质优良，高产，帮薄甜嫩，味道鲜美，风味独特。抗逆性较强，耐抽薹，适应性强。适宜春、秋两季露地和保护地栽培。

（3）苗用型白菜品种　苗用型大白菜是用作绿叶菜栽培，以收获幼苗形态产品为主要目的的品种。与以采收紧实叶球的大白菜品种相比具有以下特点：一是生长速度快。苗用型大白菜生长期短，生长迅速是其首要特点，能够在播种出苗后快速生长形成产量，适宜生长条件下播种后25～30天即可采收。二是品质优良。尽管苗用大白菜是以功能叶为产品主体，但它是大苗态的功能叶，其粗纤维结构还未大量形成，所以与结球大白菜相比食用品质、风味更佳。一般要求其叶片质地糯软、口感佳、叶面无毛、光滑、少皱、亮度高、叶片全缘、少波、不弯曲、厚而柔性大，叶柄宽扁、不鼓帮、直立。三是抗逆性强。苗用型大白菜是我国广泛栽培的绿叶菜，尤其是在夏季酷暑期（7～9月份）和冬季严寒期（11月份至翌年1月份），长时间的高温、干旱、暴雨和低温、阴天、严寒均不利于番茄、黄瓜等果菜类蔬菜的生长，而以苗用型大白菜为代表的绿叶菜类则可以正常生长，具有填补市场供应的作用。其品种应具有耐热、耐寒的抗逆性，要求在高温条件下植株能够正常生长，且生长速度快、心叶发育良好而无干烧、皱缩等生理病害。在低温弱光条件下，幼苗表现出不褪绿、不僵化、根茎短、根系发达、生长速度快、成株综合抗病性强、叶色鲜绿、受冻后恢复迅速、结球趋势明显、春季抽薹晚等优点。

①双耐　浙江省农业科学院蔬菜研究所选育的苗用型大白菜一代杂种。植株生长势较强，播种后25～30天开始收获半成株上市。株高约25厘米，叶长约27厘米，叶宽约17厘米，叶柄长约14厘米，叶柄宽约2.2厘米，软叶率约52.4%。叶浅绿色，叶柄白色，叶面光滑无茸毛，商品性状好。叶质柔嫩，品质优良。单株平均净菜重120克，每667米^{2}净菜产量2 000千克左右。耐热性强，高

抗黑斑病，抗病毒病和霜霉病。

②早熟 8 号　浙江省农业科学院蔬菜研究所选育的苗、球兼用型大白菜一代杂种。作结球白菜栽培，早熟，生长期 55～60 天。株高约 32 厘米，开展度约 55 厘米，外叶绿色。叶柄白色，叶面无毛。叶球矮桩叠抱、白色，叶球高约 26 厘米，横径约 18 厘米，球形指数约 1.4，单株净重 1～1.5 千克，每 667 米^{2}净菜产量 3 000～4 000 千克，净菜率 70% 左右；作小白菜栽培，叶片圆形、绿色，叶面无毛、光亮，叶柄宽扁、白色，生长迅速，30 天左右即可采收上市。该品种抗霜霉病、病毒病及软腐病，适应性广，商品性好，口感品质佳。适宜浙江省及类似气候地区种植。

③京研快菜 2 号　北京市农林科学院蔬菜研究中心选育的早熟苗用型大白菜一代杂种。株形较直立，外叶深绿色，叶面皱，叶背面有光泽，无毛，叶肉厚，质地柔软，帮白色、较宽，品质佳，生长速度快，播种后 30 天左右即可开始收获上市。秋季播种 35 天后，株高约 34 厘米，单株重约 274 克，每 667 米^{2}产量 4 400 千克左右。耐热、耐湿，抗芜菁花叶病毒病、霜霉病、黑腐病，适应性广。适宜北京等低海拔地区夏秋季露地直播栽培。

④京研快菜 4 号　北京市农林科学院蔬菜研究中心选育的早熟苗用型大白菜一代杂种。外叶黄绿色，叶面皱、无毛，质地柔软，帮白色、宽、厚，品质佳，生长速度快，播种后 30 天左右即可开始收获上市。秋季播种 35 天后，株高约 32.3 厘米，单株重约 294 克，每 667 米^{2}产量 4 500 千克左右。较耐抽薹、耐湿，抗病毒病、霜霉病、黑腐病。适宜北京等冬春保护地栽培。

⑤速生快绿　天津市蔬菜研究中心选育的苗用型大白菜专用品种。株形直立、紧凑，外形美观，叶色鲜绿亮泽，叶面平、无茸毛，叶片质地柔糯、长倒卵形，叶柄宽平、绿色，叶缘稀钝齿。生长势极强，生长期 25 天左右，在夏季及早秋高温季节 18～20 天即可采收上市。适应性广，高抗软腐病和病毒病，抗霜霉病。株高约 30 厘米，叶片数达到 10 片时即可采收。口感细嫩，品质佳，货架

期长。每 667 米^{2}产量 3 300 千克左右。适合全国各地种植。

⑥浙白 6 号　浙江省农业科学院蔬菜研究所选育的苗用型大白菜一代杂种。植株半直立，生长势旺，低温生长速度快，较耐热、耐湿。株高约 24 厘米，开展度约 20 厘米。叶浅绿色，叶面光滑、无茸毛，叶柄白色，叶长约 30.2 厘米、宽约 18 厘米，叶质柔嫩，品质优良。单株重 60 克左右，每 667 米^{2}产量 2 400 千克左右。质糯、风味佳、品质优，高抗黑斑病，抗病毒病和霜霉病，耐先期抽薹。适宜我国长江流域及东北、华北、西南地区作苗用型大白菜栽培。一般播种后 30 天可陆续采收，高温季节 25～30 天采收，冬春季 40～60 天采收。

⑦新早 56　河南省新乡市农业科学院选育的苗、球兼用的大白菜品种。作球菜栽培时，生长期 60 天左右，株形直立，株高约 33.9 厘米，株幅约 58.5 厘米。球顶合抱至轻叠，叶片黄绿色、无毛，叶球高约 24.8 厘米，叶球宽约 15.1 厘米。结球紧实，净菜率 65.2% 左右，单株净菜重约 1.5 千克，每 667 米^{2}产净菜 4 500 千克左右。早熟优质，耐热、耐湿，高抗病毒病和黑腐病，抗霜霉病，适应性广，适宜夏末秋初和春季种植；作苗菜栽培时，叶片长椭圆形、无毛，叶黄绿色，帮白色，抗病耐蚜，速生直立，适于捆扎，30 天左右即可采收上市，可周年种植。

第四章
大白菜优质栽培

一、春结球白菜优质栽培技术

1. 栽培方式

（1）露地直播，地膜覆盖栽培 春季前期气温较低，露地直播后易导致先期抽薹；后期温度陡然升高，不利于大白菜结球。所以，露地直播多采用覆盖地膜，这样一方面可保温防寒，提高早春地温，避免因低温春化而引起先期抽薹；另一方面可适当提前播种，并能促进大白菜根系发育，使大白菜在春季高温来临前尽早结球而形成产量，从而避免出现高温伤害引起的不结球现象。

（2）育苗移栽 春季特殊的气候条件，决定了大白菜在露地栽培条件下易发生苗期低温春化和早期抽薹的现象。而通过育苗可以为大白菜苗期提供适宜的温度条件，促进大白菜的正常生长发育。同时，通过育苗可以适当提前播种，不仅可以避开病虫害流行时间段和生长后期高温对结球的影响，而且获得高品质叶球并提早上市；还能实现精量播种，节约种子成本，保证全苗，增加春结球白菜的栽培效益。为避开外界不良条件，可利用温室或阳畦育苗。温室育苗，温度可人工控制，不受外界气温条件影响。阳畦受外界气温影响较大，育苗期间 13℃以下低温持续时间不宜超过 15 天。育苗后可通过以下方式栽培。

①露地栽培 春季利用日光温室、小拱棚等设施提前育苗，在

露地夜间最低温度稳定回升至13℃以上时定植，覆盖地膜或小拱棚可适当提前定植。

②大棚栽培　早春利用大棚栽培，可比露地覆膜或小拱棚栽培提早上市20～30天。而且通过利用早春大棚保护，增加有效积温，可有效控制大白菜早期抽薹现象。同时，产品上市时间正是蔬菜淡季，大白菜价格可比常规季节提高4～8倍。

③温室栽培　利用日光温室栽培，可比露地直播提前2个月上市，通常全国各地此时正值冬贮大白菜供应末期，可有效填补市场需求，获得较高的经济效益。

2. 栽培条件

大白菜是种子春化型作物，种子萌动后在2℃～10℃低温条件下，15～30天即可通过春化阶段而抽薹开花。萌动的种子及处于幼苗期、莲座期和结球期的植株均能感应低温通过春化阶段。而且春季适合大白菜生长的时间（日均温10℃～22℃）较短，春季前期温度较低，易使其在苗期即通过春化；后期遇到高温长日照而抽薹，不能形成叶球。同时，春季后期常遇到高温、多雨等恶劣天气，软腐病、霜霉病及蚜虫、小菜蛾、菜青虫等严重发生，极易导致大白菜减产或绝收。因此，生产中应根据大白菜的生长发育特点和春季气候特点，采用合理的设施和管理手段，创造适宜的生长条件，春结球白菜栽培才能获得成功。

（1）温度条件　大白菜种子在4℃～35℃条件下均能发芽，温度低时发芽所需时间较长，温度高时发芽所需时间较短。在20℃～25℃条件下发芽迅速而且幼苗强壮，出苗时间短。发芽后幼苗对温度变化有较强的适应性，既可耐高温，又可耐受一定的低温，但较长时间（10天以上）13℃以下低温易使其通过春化而进行花芽分化，进而抽薹开花，发芽后的适宜温度为20℃～25℃。进入莲座期后，15℃以下低温易使莲座叶生长迟缓，影响结球；25℃以上高温莲座叶生长迅速，但易出现徒长现象，并易受病害侵染；在17℃～22℃适温条件下莲座苗生长健壮，有利于结球。结球期适宜的温度为 12℃～22℃，昼夜温差以 8℃～12℃为宜，25℃以上高温会抑制叶球内部叶片的分化，而促进花芽分化和花薹生长，导致结球不良。因此，春季栽培大白菜，播种后到定植前温度要保证 20℃～25℃，生产中可采用电热温床、小拱棚、日光温室等设施育苗，防止出现 13℃以下低温。定植后温度要保持 15℃以上，但在结球期要采取通风、浇水等措施降低田间温度，防止出现长时间 25℃以上高温。

（2）**光照条件**　大白菜生长发育需要中等强度的光照，其光合作用的光补偿点较低，适于密植。但植株过密、光照不足，则会造成叶片黄、叶肉薄、叶片趋于直立生长，大幅度减产。春季光照时间和光照强度逐渐增强，露地栽培时自然光照能够满足大白菜生长发育对光照条件的需求。但采用温室、大棚、小拱棚等覆盖设施栽培时，由于早晚揭盖保温覆盖物的时间较短，加之塑料薄膜上灰尘积累，使得设施内的光照条件不能满足大白菜生长发育的需求。因此，生产中应在保证设施内温度的条件下，提早和延迟揭盖保温覆盖物，并保持塑料薄膜的清洁，以保持设施内充足的光照。在有条件的地方，可以设置补光灯进行补光。

（3）**水分条件**　春季气候变化剧烈，露地栽培，低温时多出现降水涝渍现象，高温时则经常出现干旱缺水现象，这都会直接影响到大白菜植株对水分的吸收，进而影响其生长发育。而在温室、大棚等设施中，浇水量过大会造成设施内的高温高湿，促进霜霉病、软腐病、白粉病等病害的发生和流行，造成减产；浇水量过少，因蒸发量大而造成土壤缺水，使得大白菜植株周期性的萎蔫，影响发育而延缓或不能结球。因此，要根据气候条件和设施条件适当控制土壤水分含量，采取低温时控水增温、高温时多浇水降温的措施，既要保证大白菜植株对水分的正常需求，又要防止因积水、干旱或田间高湿造成病毒病、软腐病和霜霉病等病害的发生而造成减产或绝收。

3. 栽培技术要点

（1）**整地**　春季栽培大白菜应选择地势平坦，排灌方便，地下水位较高，土层深厚、疏松、肥沃的壤土地块栽培，而且要避免重茬，最好与其他种类的作物实行2～3年的轮作。在前茬作物收获后及时清理田园，清除病虫害的越冬场所和寄主，以减少春季病虫危害。在冬季来临前深耕25～30厘米以上，并浇灌"冬水"进行冬季冻垡，以促进土壤风化改良、消灭土壤中的病菌及越冬害虫。开春土壤化冻后每667米^{2}施充分腐熟有机肥4 000～5 000千克、氮磷钾复合肥（三元复合肥）30～50千克或磷酸二铵20～30千克＋硫酸钾10～20千克，旋耕后将土壤搂平耙细。棚室土壤应在定植前10～15天整地，定植前7天可用硫磺或45%百菌清烟剂进行熏蒸消毒，一般每667米^{2}用药1千克与适量锯末混匀后分多处点燃，密闭2～3天即可。温度较低的北方干旱地区或潮湿多雨的南方地区，露地栽培多采用高垄、高畦，而温室大棚等设施栽培多采用平畦。定植前7～10天起垄或做畦，一般垄间距45～70厘米，垄高25～30厘米，垄面宽25～30厘米，垄台宽35～55厘米。平畦做畦宽依品种而定，莲座叶披张的大型品种每畦栽1～2行，行距60～65厘米；莲座叶直立的小型品种每畦栽2～3行，行距40～55厘米。一般平畦宽100～120厘米，高10～15厘米，畦沟宽25～30厘米。

（2）播种育苗

①播种时期 春季大白菜对播种时间要求严格，露地直播应于春季平均气温上升至10℃以上时进行。育苗移栽的播种期取决于定植期，一般在最低夜温稳定回升至13℃以上时定植，温室育苗播种期较定植期提前1个月，阳畦育苗苗龄约40天，定植时叶片是6～7片。适宜的播种期要根据品种耐抽薹能力的强弱、栽培条件、当地气候条件等因素综合考虑来确定。

②播种育苗 直播可分为条播和穴播2种，条播时栽培畦或垄上划深0.6～1厘米的浅沟，将种子均匀撒播于沟中，覆土平沟。穴播是按株、行距在畦面或垄上刨长5～6厘米、深约1厘米的浅穴，将种子均匀播在穴中，覆土平穴。每667米^{2}条播用种量约

450克、穴播约300克，播种后覆盖地膜保温保湿。

利用阳畦、小棚、大棚或日光温室等设施育苗，可采用塑料营养钵（直径8～10厘米）、穴盘（32孔）或纸袋等容器育苗，也可将育苗畦中的土壤用刀按10厘米见方、7～8厘米深划成营养土块播种。穴盘多用草炭、蛭石等基质育苗，而营养钵或纸袋多采用营养土育苗。育苗前选择无病菌和虫卵的田园土与腐熟有机肥等混合配制营养土，腐熟有机肥和田园土的比例为3∶7或4∶6，每立方米营养土中再加三元复合肥1千克、50%多菌灵可湿性粉剂100～200克，充分混匀后用塑料薄膜覆盖消毒。营养钵装好土后摆放于育苗畦，于播种前1天浇足水。播种前用种子重量0.3%的35%甲霜灵可湿性粉剂拌种，进行种子消毒。采用点播的方式播种，每个营养钵或穴孔播1～2粒种子，播种后覆盖加入过筛的薄土0.5～1厘米厚，以防治苗期立枯病和猝倒病。每667米^{2}栽培面积需苗床25米^2，需种子50克左右。

③苗期管理　播种后要一次性浇足底水，避免频繁补水降低苗床温度而引发病害。子叶出土前保持较高温度，可达25℃～28℃；子叶出土后真叶出现前，适当降低棚温，温度保持18℃～20℃，以防止高脚苗；真叶出现后适当升温，温度保持20℃～25℃，促进幼苗快速生长。育苗期间特别注意防止夜温低于13℃，低温天气要加盖草苫保温。及时间苗、定苗、补苗，在幼苗1～2片叶或3～4片叶时各间苗1次，拔除病苗、弱苗，最后1次间苗后定苗，保证每穴或每钵1株壮苗，缺苗时需补苗。及时除草，地膜覆盖栽培时，幼苗达3叶1心或出苗后白天最高气温超过20℃时破膜，拔除膜下杂草。苗期一般不施肥，如幼苗长势较弱，可偏施1次氮肥，可用1%尿素溶液叶面喷施。苗龄30～35天，真叶达5～6片即可移栽。幼苗叶片超过6片时定植，可能造成春化。定植前适当通风，降温炼苗。

（3）**整地定植**　早春露地大白菜栽培在外界夜间气温不低于8℃时定植，棚室栽培在设施内夜间温度不低于13℃定植。定植宜在晴天下午或阴天进行，以减轻阳光直射造成幼苗萎蔫。定植前按预定株行距在垄或畦中刨埯做穴，每穴栽苗1株，一般株距为35～40厘米，行距为50厘米，每667米^{2}定植3 200～3 300株。定植深度以在平畦中根部土块表面略高于畦面为宜，防止因浇水导致土块下沉，使泥水淹没菜心而影响幼苗生长。定植时浇水量宜小，最好单穴浇水，不可大水漫灌，以防降低地温。水渗下后随即精心封埯，扣上地膜提温保湿。

地膜覆盖栽培可采取先覆膜提高地温后定植，也可先定植后覆膜再破膜放苗。

（4）田间管理

①适度控温　春季种植大白菜能否结出紧实的叶球，受到品种特性和播种后气温的共同影响。露地栽培应通过早期保温来改善大白菜生长环境，避开前期低温和后期高温多雨的不利影响。通过覆盖地膜和搭建小拱棚提高温度，不仅可以提早定植，还能提早收获上市。采用大棚、小拱棚、温室等设施栽培的，定植后要加强防寒保温管理，保持较高的地温，以利植株扎根缓苗。定植后5～7天一般不通风，缓苗后适度通风降低棚温，使棚室内白天温度保持在20℃～25℃、夜间13℃以上。莲座期白天温度保持20℃～25℃、夜间15℃～17℃，注意通风，降低棚室内湿度，减少霜霉病的发生。结球期棚室内白天温度保持在20℃～25℃，温度超过25℃应及时通风降温，夜间温度保持12℃～20℃。整个生长期内均要避免出现长时间13℃以下低温，防止温度过低通过春化引起先期抽薹。

②合理浇水　定植后正是春季地温较低时期，浇水量的多少直接影响地温的高低，进而影响大白菜根系的发育，最终影响莲座期植株生长与结球期叶球的形成，因此要合理浇水控制地温。定植时水量宜小，可先将定植穴灌满水后再栽苗，待水渗下后覆土，切忌大水漫灌。定植2～3天后，大白菜幼苗开始发新根进入缓苗阶段，此时不宜浇水，以保持较高地温，促进根系发育。5～7天后缓苗

结束，幼苗开始正常生长，应根据土壤墒情适当轻浇1次，促进植株生长。进入莲座期后，气温逐渐升高，蒸发量逐渐加大，同时植株的生长量也逐渐增加，对水分的需求较多，要小水勤浇保持土壤湿润，促进植株迅速生长。莲座期过后，球叶的迅速生长需要充足的水分，此时要适当加大浇水量，促使球叶快速发育以形成叶球。结球后期，温度迅速升高，自然降水量也逐渐加大，要合理控制浇水，既不能因土壤干燥而地温增高，影响根系的吸收；也不能因浇水过多、湿度过大而导致软腐病等病害发生和流行。生产中可每隔1～2天浇1次，选择气温凉爽的早晨或傍晚进行浇灌，在保证不缺水的同时又能降低地温即可，不可大水漫灌。

③中耕除草　早春大白菜随气温升高，地膜下的杂草生长较快，应根据天气状况及时破膜拔草。进入莲座期后，可使用锄头中耕除草，但不宜过深，以免伤及叶片，封垄后不再中耕。

④适时追肥　早春大白菜幼苗期生长量虽小，但生长速度快，根系不发达，吸收养分和水分的能力较弱。为保证幼苗得到足够的养分，缓苗后可结合浇水每 667 米^2 冲施尿素或磷酸二氢铵 3～5 千克作提苗肥。植株进入莲座期后，莲座叶健壮生长是丰产的关键，既要促进"发棵"，又要防止徒长而延迟结球。当田间有少数开始团棵时及时施用"发棵肥"，每 667 米^2 施用 20 千克三元复合肥或磷酸二铵，加 20 千克尿素追 1 次肥。以后每隔 7～8 天结合浇水冲施尿素 1 次，每 667 米^2 用量 10 千克，收获前 10 天停止施肥。

二、夏耐热白菜优质栽培技术

1. 栽培方式

（1）**露地间作套种**　夏季利用豆类或玉米等高秆作物与大白菜间作套种，可以降温保湿，改善田间小气候。

（2）**遮阳网覆盖栽培**　在大棚上覆盖遮阳网栽培，能够起到遮阴、防虫、改善大棚小气候、减轻病毒病发生的作用。覆盖的原则是播种至出苗全天覆盖，出苗后白天盖晚上揭、晴天盖阴天揭、大雨盖小雨揭。生长中后期根据天气情况，可以全部撤去遮阳网。

（3）**防虫网覆盖栽培**　在大棚全棚密闭覆盖防虫网栽培，不仅能防止蚜虫、菜青虫、小菜蛾等害虫的危害而减少农药使用，而且还能防止暴雨拍打造成白菜植株受伤，缓解软腐病。

2. 栽培条件

夏大白菜生长处于盛夏季节，该季节的突出特点是前期高温干旱、后期闷热多雨。前期偏高的温度和长日照强光照等因素，直接对大白菜幼苗的正常生长产生不利影响；后期偏高的湿热对大白菜根系生长不利，一定程度上制约了植株生长对养分的需求。另外，不利的气候条件又是大白菜软腐病、黑腐病等病害的诱发因子，使得夏季大白菜栽培较为困难。因此，夏季大白菜栽培应人为地改变田间小气候，降低温度创造适宜的环境条件。在选用耐热（耐35℃～37℃高温）、早熟、适宜密植品种的基础上，选择向阳、便于排灌、有机质含量高、土层深厚疏松的沙壤土进行高垄栽培，通过提高栽培密度，与玉米、豆角、黄瓜等高秆作物间作，采取覆盖遮阳网、防虫网等措施进行人工降温。

3. 栽培技术要点

（1）**整地**　选择地势较高、排灌方便、土质疏松肥沃、富含有机质，且前茬不是十字花科或茄科的地块，选择黄瓜、豆角、番茄、马铃薯、葱蒜等为前茬地块。前茬作物收获后及时清除残株枯叶，深翻25～30厘米并晒垡7～10天以消毒杀菌。将土地整平、耙细，结合整地每667米^{2}施腐熟有机肥3 000～5 000千克、磷酸二铵50千克或过磷酸钙20千克、尿素和硫酸钾各10千克，然后精细整地，做成平畦或高垄播种。夏季雨水较多地区，为利于排水须采用高垄或高畦栽培，垄距60厘米，垄面宽30～35厘米，垄高20厘米，垄顶和沟底均要平整。

（2）**播种育苗**

①播种时期　夏播白菜播种期要根据当地历年气候变化趋势来

推测，在 5 厘米地温稳定在 15℃左右时进行夏大白菜播种。例如，北京及其周边地区一般于 6 月下旬至 7 月上旬播种，8 月中下旬至 9 月初收获上市；长江流域于 7 月上旬至 8 月上旬播种，9 月份收获上市；华南地区 5 月下旬至 9 月上旬播种，"十一" 前后收获上市。播种期既不宜过早，也不宜太迟，过早，病害发生严重；太迟，天气转凉，生长迟缓，生长期延长，发挥不了夏大白菜耐热、堵 "伏缺" 的作用。全国主要城市和地区播种时间如表 4-1 所示。

表 4-1　全国主要城市和地区夏季大白菜栽培季节

城　市	播种期（旬/月）	定植期（旬/月）	收获期（旬/月）
哈尔滨	中/6 至上/8	上/7 至下/8	8～10 月份
沈　阳	下/5 至下/7	中/6 至中/8	下/7 至 10 月份
北　京	中/5 至中/7	上/6 至上/8	中/7 至中/10
天　津	中/5 至中/6	下/5 至上/8	7～9 月份
济　南	上/5 至上/7	下/5 至下/7	7～9 月份
郑　州	下/4 至下/6	中/5 至中/7	7～9 月份
兰　州	下/5 至下/7	中/6 至中/7	7～9 月份
西　安	下/4 至中/6	中/5 至下/7	下/6 至中/9
南　京	中/4 至上/6	上/5 至上/7	中/6 至中/9
上　海	中/4 至上/6	上/5 至下/6	下/6 至中/8
武　汉	上/4 至下/5	下/4 至中/6	中/6 至上/8
长　沙	上/4 至中/5	下/4 至上/6	中/6 至下/7
重　庆	4～6 月份	5～7 月份	6～8 月份
福　州	4～5 月份	5～6 月份	7～8 月份
广　州	4～5 月份	5～6 月份	6～7 月份
昆　明	4～6 月份	5～7 月份	7～8 月份

②播种方式　有直播和育苗移栽 2 种方式。直播的最大优点在于根系发育良好而不受伤害，因而抗性强，比育苗移栽早熟 5～7

天。长江流域及华南地区由于耕地稀少，茬口密集，同时考虑到高温出苗不齐等原因，多采用育苗移栽方式。在根肿病发病区，采用育苗移栽，可以减轻根肿病的危害。

③播种育苗

直播：播种前先做垄，垄宽25～30厘米、高10～15厘米、垄距55～60厘米，按株行距划斜线约1厘米深，播7～10粒种子后盖土，再稍加镇压，每667米² 用种子100～150克。播完后及时浇灌垄沟，湿透垄背，使种子处于足墒湿土中，以利出苗迅速整齐，做到"三水齐苗"。直播宜采取分次间苗、适当晚定苗的方法保证全苗，于3～4叶期和5～6叶期各间苗1次，7～8叶时定苗，使苗期群体叶面积增大，增加对地面的遮阴面积，利于降低地温和减少地面蒸发。

育苗移栽：选择地势高、通风良好、有机质多、疏松的中性土壤做育苗畦，播种前1天做宽约1米、沟深25～30厘米的高畦做苗床，并开好排水沟。对于根肿病多发地区，应于播种前7～10天用熟石灰改良土壤，每平方米苗床用熟石灰0.7～1千克、50%多菌灵可湿性粉剂与50%福美双可湿性粉剂按1:1的比例混合药剂8～10克，对苗床土进行消毒。也可采用直径8厘米塑料营养钵育苗，或在苗床划营养土块播种育苗（方法同春白菜育苗）。播种前浇足底水，每钵播2～3粒种子，播种后覆盖稻草或遮阳网保湿，保证早出苗、出齐苗。约80%种子出苗后去掉保湿覆盖物，并在苗床上方1米处搭遮阳棚，防暴晒及雨水冲刷。出苗后，及时间苗2～3次，最终苗床的苗距为5厘米见方，或每营养钵留苗1棵。高温季节土壤水分蒸发量大，要及时浇水保持土壤湿润，以免地温过高而发生烧苗现象。

（3）定植 夏大白菜定植时间的早晚直接影响产量的高低，一般苗龄18～25天、幼苗4叶1心较为适宜。夏大白菜株形紧凑、开展度小、叶球小，适于密植。但栽培密度过大，会导致单株营养面积不够而不能结球，失去商品价值且影响产量；栽培密度过小，田间光照强致使植株间温度较高，导致发病率较高，产量较低，甚至绝产。一般畦栽株距 30 厘米、行距 40 厘米；垄栽株距 30 厘米、行距 50 厘米，每 667 米^2 定植 4 500～5 000 株较为适宜。

定植前 1 天下午苗床浇透水，保证起苗时幼苗土坨湿润，以利移栽成活。栽植不宜太深，以幼苗子叶贴近地面为度，以防浇水时泥土埋心或积水引发软腐病。可采用"坐水移栽"的方法定植，即先将定植穴浇满水，随即栽入幼苗，待水渗下后立即封埯保湿。定植 3～4 天后要及时查苗和补苗。棚室等设施栽培可覆盖透光率 40%～50% 的遮阳网，以促进成活。

（4）田间管理

①间苗定苗　露地直播时需通过间苗、定苗保持植株的合理密度，可多次间苗，采取早间苗、晚定苗的方法。从出苗至定苗的整个幼苗期间苗 3～4 次，分别在"拉十字"期、3～4 叶期、5～6 叶期，7～8 叶期定苗。每次间苗应去杂去劣，间掉病苗、弱苗及无心苗，间苗和定苗时不要伤根，以防发生软腐病。

②中耕除草　夏大白菜生长期间处于高温多雨季节，不仅土壤因高温容易板结，而且利于杂草生长而发生草荒。因此，缓苗或定苗后要经常中耕松土，中耕时按照"头锄浅、二锄深、三锄不伤根"和"深耪沟、浅耪背"的原则进行，以除草为主，大白菜植株封垄后不再中耕。

③肥水管理　由于夏大白菜生长期短，生长速度快，在肥水管理上要以促为主，一促到底。育苗期间要薄肥勤施、小水勤浇，保持土壤湿润，促进壮苗。尤其在高温干旱天气要经常浇水，一般在傍晚或清晨浇水为佳。定苗或定植成活后，及时浇水保持地面见湿见干。结合浇水施肥"提苗"，每 667 米^2 追施尿素 10 千克、硫酸钾 20 千克、三元复合肥 15 千克，可撒施于垄沟或畦面，或在幼苗根部附近开沟穴施。莲座期结束进入结球初期，根据植株长势结合浇水每 667 米^2 追施尿素 15 千克。进入结球期后，大白菜生长迅速，为需水量最大时期，要注意浇水保湿，地表发白即要及时浇水。此

时正值高温炎热阶段，如果缺水，极易发生干烧心病。在浇水保湿的同时做到旱能浇、涝能排，以防田间积水造成烂根；而且每次暴雨过后均要浇 1 次水，以有效地降低地表温度。一般每 3～5 天浇水 1 次，收获前 5 天停止浇水。

三、早秋大白菜优质栽培技术

1. 栽培方式

早秋大白菜，适合采用育苗移栽的方式。这是因为早秋大白菜的育苗期恰好在 7 月中下旬至 8 月上中旬，较高的气温和过多的雨水常常影响和抑制大白菜幼苗的生长，采用育苗移栽，不仅移栽成活率高、缓苗快，还可以避免雨水对幼苗的侵害。

2. 栽培条件

早秋大白菜的耐热性、熟性、结球性介于夏白菜和秋白菜之间，生长前期处于高温多雨的季节。从播种到莲座期要保持土壤湿润，经常浇水不仅可以满足幼苗生长对水分的需求，而且能够降低土壤温度，避免苗期高温危害。同时，还需注意排水防涝，及时中耕增加土壤通气，以促进幼苗根系生长。生产中需要针对这些特点，满足早秋大白菜生长条件，力争早上市，取得较好的经济效益。

3. 栽培技术要点

（1）**整地** 选择排灌方便、肥沃且物理性状良好的壤土、沙壤土或轻黏土栽培，土壤酸碱度以微酸性到弱碱性（pH 值 6.5～8）为好。不宜与十字花科蔬菜作物连作，最好的茬口是肥茬和辣茬。肥茬如瓜类、番茄、马铃薯、豆类等作物栽培时施肥量大，土壤肥力可以继续发挥肥效；辣茬如大葱、大蒜、洋葱等，其根系分泌杀菌素，能抑制病菌，有减轻大白菜病害的作用。前茬作物收获后及时清除残枝杂物，减少病虫害的寄居场所。结合整地每 667 米^2 施充分腐熟有机肥 3 000～4 000 千克、过磷酸钙 15～20 千克、钾肥 15 千克，撒施后进行翻耕，翻耕后将土壤耙平耙细垄。如肥料不足可进行沟施或穴施。早秋季节雨水较多，为排灌方便和减少病害发生，一般采用垄作或高畦栽培。垄高 10～15 厘米，每垄种植 1 行。采用高畦栽培应注意精细平整土面，避免因高低不平造成低处积水，同时畦面平也利于浇水和排水。畦不宜太长，以定植 50～60棵幼苗为宜。

（2）播种育苗

①播种时期　早秋白菜耐热性、熟性、结球性介于夏白菜和秋冬白菜之间，播种过早易造成结球不实，病害严重；过晚达不到早上市、丰产高效的目的。早秋播种应根据品种特点和当地气候条件确定播种时期，一般比秋播大白菜提前 15～30 天播种。例如，极早熟的亚蔬 1 号品种，在北京地区 7 月份播种，可在 9 月份淡季收获上市；8 月初播种，可在国庆节上市。山东省种植北京小杂 56 品种的播期多为 7 月下旬，种植鲁白 2 号品种的播种期多为 8 月初。

②露地直播　直播的方法主要有穴播和条播两种，穴播时在垄或畦面上每隔 45～50 厘米划斜线或刨深 1 厘米的坑，每穴播 8～10粒种子，每 667 米^2 用种量 150～200 克，盖土后轻微镇压，播完后顺垄沟浇水。条播时在垄或畦面上顺向开沟，将种子均匀撒播于沟内，覆土镇压即可。播种时要注意天气预报，防止暴雨拍打影响出苗。播种后时要注意土壤墒情，如底墒不足，覆土镇压后立即浇水，使水面至垄背，隔 1 天再浇 1 次水，小苗开始拱土时即再隔1～2 天浇 1 次水，即"三水齐苗"。为了既满足大白菜生长需要，同时又能降温防病，苗期一定要保持土壤湿润，水要浇匀、浇到、浇足，但不要大水漫灌。

③育苗　育苗移栽的可进行苗床或营养钵育苗，播期可比直播提前 3～5 天，每 667 米^2 大田面积需苗床 25～30 米^2。一般育苗畦宽 1.5 米、长 15～20 米，每畦撒施三元复合肥 2.5 千克、腐熟有机肥 100～150 千克，耕翻耙平，使床土与肥料浇匀，并留出盖籽土，然后畦内浇水，水渗下后即可播种。可撒播，也可点播，每667 米^2 播种量 20～25 克，播后盖土 1 厘米厚。早秋气温高，种

子发芽快，易徒长，因此要及时间苗。间苗一般分 3 次进行，子叶期和拉十字期间苗时淘汰畸形苗和弱小苗，第三次在 2～3 片真叶时进行。另外，还要适当掌握苗龄，大白菜苗龄过大，定植时叶子损伤多，缓苗时间长，不利于中后期生长。一般以早熟品种苗龄 18～20 天、中晚熟品种苗龄 20～25 天为宜。

（3）定苗和定植

①定苗　露地直播间苗和定苗的早晚对大白菜苗期生长至关重要。一般要求间苗 1～2 次，第一次在幼苗长出 2 片真叶时进行，每穴可留 5～7 株；当幼苗长至 4～5 片真叶时进行第二次间苗，每穴留 2～3 株；在苗龄 25 天左右、幼苗长至 6～8 片真叶时进行定苗，定苗时按株距留 1 株。条播时在幼苗 2 片真叶进行第一次间苗，株距保持 2～3 厘米；4～5 片真叶第二次间苗株距保持 7～8 厘米；7～8 片真叶时按栽培株距单株定苗。间苗、定苗可与中耕、除草、追肥结合起来进行。苗期中耕要浅，做到上不伤叶下不伤根，根周围的草要拔干净，并适当培土防止幼苗根部外露影响生长。当幼苗长出 2～3 片真叶时，可施 1 次提苗肥，主要是速效氮肥，每 667 米^2 可施硫酸铵 8 千克，施肥时注意不可将肥料撒在叶片上，也不可离根太近，追肥后及时中耕或浇水。

②定植　早秋播种的白菜多为株形紧凑、开展度小的早熟种，同时由于病虫害较重、缺苗率较高，所以合理密植是获得丰产的重要因素。一般行距 45～50 厘米，株距 40～45 厘米，每 667 米^2 种植 2 700～3 000 株。

（4）田间管理

①中耕　早秋大白菜中耕应注意浅锄，一般以锄破表土为度，切忌伤根。生产中可掌握远离植株处深、近植株处浅的原则。可在幼苗期全面中耕 1 次，莲座期全面中耕 1 次，在每次沟灌后注意锄松畦边两侧，拉平沟底，并将松土培于畦侧，以利畦沟平直排灌通畅。

②肥水管理　早秋播种期早，发芽期和幼苗期尚处于高温多雨季节，所以既要注意浇水降温促进出苗，又要注意排水防涝，促进

幼苗生长。多雨天气及时排水，并中耕散墒，改善土壤通气性能。干旱天气，则需要小水勤浇，补充水分并降低地表温度。植株定苗后要肥水齐攻，不必蹲苗。分别于莲座前期、结球初期和结球中期施肥，每次每 667 米^2 追施尿素 15～25 千克、磷酸二铵 25～30 千克、三元复合肥 20～25 千克。一般随水冲施，也可撒施，平畦栽培可在行间划沟撒施后浇水，垄栽可在垄两侧撒施后浇水。结球期内不宜缺水，要保持土壤湿润，浇水要均匀，切忌大水漫灌。

四、秋白菜优质栽培技术

1. 栽培方式

选择地势平坦、土层深厚、排灌良好的菜田，采用高垄栽培，垄距 55～60 厘米，垄高 20 厘米，以利于排湿、通风和植株伤口的愈合，可有效避免或减轻软腐病和霜霉病的发生。

2. 栽培条件

秋季前期气温较高，有利于大白菜幼苗的生长发育，而后期气温较低有利于大白菜叶球抱合形成产量，所以秋季是栽培大白菜最佳时期。秋白菜栽培只要满足大白菜生长所需要的肥水条件，即可获得高产。秋白菜需肥量大，基肥以有机肥为主，每 667 米^2 施腐熟有机肥 5 000 千克，或腐熟并进行无害化处理的鸡粪 1 000 千克。施足氮肥是秋白菜高产的关键，后期要施足磷、钾肥，微量元素的施入也是十分必要的。秋白菜从莲座期到结球期，进入快速生长阶段，这一时期对肥水需要量特别大，要及早追肥，一般在莲坐期和结球期各追 1 次肥，以氮肥为主，并配有一定数量的磷、钾肥，以满足秋白菜在不同生育阶段对养分的需要。

3. 栽培技术要点

（1）整　地

①选择地块　大白菜属浅根系蔬菜，以肥沃而物理性状良好的壤土、沙壤土或轻黏土为好，沙土和黏土均不利于白菜的生长。

在沙质土壤上栽培时种子发芽快、出苗整齐、幼苗生长速度快，但因沙土地保水、保肥能力差，后期易脱肥从而影响结球；黏质土壤栽培时幼苗生长缓慢，不易"发棵"，而且黏土地通气不良，当雨水多或浇水过大时易积水而发生软腐病，但因其保水保肥能力强，后期生长较快，易获得较高产量。大白菜对土壤的酸碱度也有一定要求，在微酸性到弱碱性（pH 值 6.5～8）均能正常生长。在 pH 值超过 8、地下水位又较低的土壤栽培，容易出现"干烧心"现象；若 pH 值小于 6，土壤酸度高，根系不能正常生长，易引发根肿病。

②茬口选择 大白菜不宜连作，也不宜与其他十字花科蔬菜轮作，生产中可根据当地耕作制度选择适宜的茬口。在黄河中下游地区可利用马铃薯、早番茄、西葫芦、菜瓜等腾茬较早的蔬菜作物或冬小麦作为秋播白菜的前茬。由于腾地早，耕耙次数多，土壤休闲时间长，土壤疏松透气性好，病虫害轻；也可选用腾茬较晚的茄果类蔬菜为前茬。东北和内蒙古地区气候寒冷，一般选择收获较早的葱、蒜、豌豆等早夏蔬菜及麦茬为好，也可选择收获较晚的马铃薯、玉米等作物套种。西北地区以小麦茬为主，也可选用豆类、葱蒜类等作物作前茬。长江中下游地区气候温暖湿润，病虫害较为严重，宜选择的茬口为瓜类、豆类、水生蔬菜及粮食作物。栽培大白菜最好的前茬是番茄、西瓜、黄瓜、豆类等作物的肥茬，或前茬为大葱、大蒜等作物的辣茬。

③施足基肥 大白菜是需肥量较大的蔬菜，生长期长，生长量大，尤其是晚熟品种，植株大、产量高，需大量有机肥料才能满足大白菜中后期结球时对肥料的需求。一般每 667 米² 需施优质腐熟有机肥 4 000～5 000 千克作基肥。有机肥包括各种作物的秸秆堆肥，牛、马、猪、羊、鸡、鸭等畜禽的粪便，以及各种饼肥及人粪、尿等。畜禽粪和秸秆应提前堆放或沤制，使其充分腐熟才宜使用，以免烧根致病。另外，为了补充有机肥磷、钾的不足，还需施入过磷酸钙 15～20 千克、钾肥 15 千克作基肥。

④整地做畦   大白菜为浅根系作物，主要根系分布于浅土层，不能利用土壤深层的水分和养分。因此，对选择的地块，最好在头茬作物收获后立即进行深耕翻晒，改善土壤结构。在播种前最好再用悬耕犁浅耕 1 次，要求覆土平整，土壤细碎，并将田间杂草消灭干净。在播种前平整土地，以利排水和浇水，防止因积水或缺水而造成病害的发生，影响幼苗的生长与结球。

生产中根据各地的实际情况可选用垄栽、畦栽、高垄栽培的方式。干旱、盐碱地区宜用平畦，平畦宽度依品种而定，莲座叶披张的大型品种每畦栽 1～2 行，行距 60～67 厘米；莲座叶直立的小型品种每畦栽 2～3 行，行距 42～56 厘米。畦埂要坚实，避免浇水时冲塌串流，保证浇水均匀。长江以南地区降水多且雨季长，为了便于排水，多采用高畦栽培，尤其在地下水位高、梅雨和暴雨多的地区常采用高畦深沟栽培，沟深 25 厘米，畦面弧形宽 1.5 米。北方雨水较多地区宜选择高垄栽培，可有效防涝和控制软腐病的发生，一般垄高 10～15 厘米，垄面宽 20～25 厘米，垄面要耙平，使土壤细碎。为了做到垄直、畦平，最好采用短垄、小畦栽培为宜。垄长不宜超过 10 米，畦的大小以每 667 米^2 做 50～60 个畦为好，这样才能做到浇水一致，排灌便利，不跑水不漫水，出苗整齐，生长一致。

（2）播种育苗

①播种时期   秋播大白菜由于生长期长，生长发育各阶段对环境条件的要求不同，所以对播种期要求十分严格。特别是北方地区，如果播期过早，常遇到高温干旱的天气，若浇水不及时，很容易造成蚜虫发生和病毒病蔓延，导致减产甚至绝产。如果播期过晚，结球时气温偏低致使积温不够，大白菜常因灌心不足而减产。从全国大部分地区来看，播期一般为 7 月初至 8 月底，月均温在 16℃～27℃之间。为了延长生长期以提高产量，可利用幼苗较强的抗热特性而提前在温度较高时播种，适宜的播种期要以具体情况而定，在当年播种期的同期温度低于其他年份时，可适当早播，否则

晚播；生长期长的晚熟品种早播，生长期短的早熟品种晚播；沙质土壤发苗快可适当晚播，黏重土壤发苗慢要早播；土壤肥沃、肥料充足，大白菜生长快，可适当晚播；育苗移栽的大白菜应比直播的提早 2～3 天播种。我国大白菜主产区播种期如表 4-2 所示。

表 4-2　我国主要城市气候特点与大白菜秋季播种时期参考表
（张振贤等，2002）

城　市	播种期 （旬/月）	收获期 （旬/月）	生长天数 （天）	无霜期 （天）	初霜期 （日/月）
哈尔滨	中下/7	中/10	75	141	24/9
长　春	中/6	中下/10	80	110	26/9
沈　阳	上/8	下/10	85	150	1/10
呼和浩特	上中/7	中/10	80	121	17/9
乌鲁木齐	中下/7	中下/10	80	173	7/10
西　宁	下/6至上/7	中下/10	80	128	26/9
兰　州	中下/7	下/10	80	174	9/10
太　原	上/8	上/11	90	171	7/10
西　安	上中/8	下/11	100	208	28/10
郑　州	中/8	下/11	110	217	1/11
北　京	上/8	上/11	90	184	12/10
石家庄	上/8	下/11	100	196	19/10
天　津	上/8	上/11	90	200	23/10
济　南	上中/8	下/11	100	212	30/10
上　海	中下/8	1～12月份	90	225	16/11
南　昌	下/8	上/12	100	277	4/12
武　汉	8～9月份	11～12月份	80～100	231	10/11
长　沙	中下/8	11～12月份	80～100	278	5/12
南　京	下/8	11～12月份	90	227	11/11
杭　州	上/9	12月份	80～90	241	18/11
重　庆	上/9	12月份	100	—	—

续表 4-2

城 市	播种期 （旬/月）	收获期 （旬/月）	生长天数 （天）	无霜期 （天）	初霜期 （日/月）
成 都	下/8	11～12月份	90	283	3/12
昆 明	上/8至下/9	下/10至下/12	90～100	224	14/11
贵 阳	下/7至上/8	中/10至上/11	90	261	28/11
福 州	中/10	翌年中/1	90～100	232	31/12
广 州	下/7至上/11	10月份至翌年4月份	90～100	246	26/12
南 宁	7～8月份	10～12月份	85	340	29/12

②种子处理 根据各地病害发生情况和种子带菌情况，在播种前选择晾晒、温汤浸种和药剂拌种的方法处理种子，达到促进发芽和防病的效果。在播种前将种子晾晒 2～3 天，每天 2～3 个小时，晒后放在阴凉处散热，提高种子发芽势。将种子在冷水中浸泡 10 分钟，放于 50℃～54℃温水中恒温浸种 30 分钟，再立即移入冷水中冷却，然后捞出放于通风处晾干待播，可杀灭大部分的病原菌。用种子重量 0.3%～0.4% 的甲霜灵、百菌清、福美双或代森锰锌可湿性粉剂等药剂拌种，可防治霜霉病、黑腐病等病害。

③直播 秋季大白菜栽培多选择直播，不仅方法简便，还可以大面积组织人力或机械突击进行播种，省工省力。同时，直播不伤根，无缓苗期，根系发育好，苗生长势旺，生长速度快，不易感染病毒病、软腐病等病害。

直播可采取点播、条播、断条播和机播的方法进行。点播是按一定的行株距在垄或畦面开穴点籽，该方法播种的种子集中，拱土力强，易达到全苗，也节省种子，每 667 米^2 播种量 100～150 克；条播是顺垄或顺畦划浅沟，沟深 0.6～1 厘米，然后在沟内撒籽，每 667 米^2 播种量 200～250 克，出苗后可根据株行距定苗；断条播也称"一字形"播种法，即根据行株距要求，在一定的株距位置上，顺行划 7～10 厘米深的短沟，然后进行播种；机播是采用机械播种，适合于北方地区腾茬时间紧、播种面积大、劳动力紧张时采用。机播把耕耘、起垄、开沟、播种、镇压操作一次完成，由于起垄规范，播种深浅距离控制得当，播种质量较好。

直播后要进行适当镇压，以使种子和土壤紧密结合在一起，有利于种子从土壤中获得发芽所需的水分和养分，可促进发芽，减少缺苗断垄现象。镇压方法应根据土壤墒情而定，在墒情合适时人工双脚踩踏一遍即可；如土壤湿度较大，覆土后用平铲轻拍一遍即可。

④育苗　在遇到雨季不能及时整地或前茬不能及时腾地的情况下可采用育苗移栽方法。育苗占地面积小，苗床集中便于管理，当遇到不良天气时可以及时采取必要措施，不致贻误农时，并能选择纯度高、质量好的壮苗定植。但移栽时费工较多，且移栽易伤根，需经过缓苗，延长了生长期和供应期。此外，由于移苗所造成的伤口，有利于病菌侵入，在缓苗期植株生长势衰弱时很容易感染病害。

育苗可选用苗床播种或营养钵播种，方法同春、夏大白菜育苗方法。为了克服播种后遇到的高温威胁，可以选用闲置大棚覆盖遮阳网、防虫网育苗。苗龄一般15～20天，4叶1心即可移栽。

⑤苗期管理　大白菜种子发芽最适宜温度为25℃，幼苗生长适宜温度为20℃～25℃，但秋播大白菜播种后气温往往较高，对幼苗生长极为不利，因此播种后应及时浇水降温防止高温危害。如果是垄栽，前3次浇水时可采取轰水办法浇，即在浇水时人为用铁锹顺垄沟轰湿垄背，使垄面保持湿润，直到苗出齐为止。

出苗后要及时间苗，拔除弱苗、病苗、畸形苗、受伤苗、杂苗和杂种苗。一般间苗2～3次，第一次在幼苗2片真叶时进行，苗间距2～3厘米，条播的可按6～10厘米留1株苗；断条播或点播的每穴可留5～7株。当幼苗长至4～5片真叶时进行第二次间苗，条播苗距为12～15厘米，断条播和点播的每穴可留2～3株。在苗龄20～25天、幼苗7～8片真叶时定苗，根据株行距每穴留1

棵健壮苗即可。定苗后加强病虫害防治，以免危害幼苗造成无法补救的损失。

由于整地质量差、土壤墒情差、播种措施不当、病虫危害等原因造成一定程度的缺苗断垄现象发生，从第一次间苗开始就要及时补苗。补苗宜早不宜迟，最好在 2 片真叶时进行。补苗在阴天或晴天午后进行，挖取株间或垄下大而壮的苗或用提早 2～3 天在苗床播的后备苗，起苗时用花铲或起苗器切成大土坨，尽量少伤根。移栽时先在缺苗的位置刨坑，再向坑内浇水，将苗放在水坑内，待水渗下后覆土保墒。补苗后的当天或第二天进行田间浇水最理想，否则应连续 3 天进行点水，以促进早缓苗。

⑥定植　秋季气温高、光照强，定植宜选择阴天或午后凉爽时进行，采用坐水移栽的方法，以提高成活率。定植前 1 天下午将苗床浇透水，保证起苗时土坨湿润。定植前按株行距在垄或畦面上刨坑，再向坑内浇水，随后将苗放在水坑内，待水渗下后覆土保墒。定植后的第二天进行田间浇水，促进幼苗成活。

⑦合理密植　秋播大白菜植株较大，以采收硕大的叶球为目的，栽培中除提供充足的肥水条件外，还需要足够的营养面积和光照才能获得高产，因此对植株密度要求比较严格。合理密植可提高产量和商品质量，密度过大，植株数增多，单位面积产量较高，但很多植株因营养面积太小、单株重量小，或不能结球，使商品率下降；密度过小，单株重增大，商品率提高，总产量下降。合理密植的程度主要取决于品种特性，一般花心变种的品种，株距 40～45 厘米、行距 50～60 厘米为宜，每 667 米^2 栽植 2 500 株左右；直筒型及小型卵圆形和平头形品种的株距 45～55 厘米、行距 55～60 厘米，每 667 米^2 栽植 2 200～2 300 株；大型卵圆形和平头形品种的株行距为 60～70 厘米×65～80 厘米，每 667 米^2 栽植 1 300 株左右。同时，秋播白菜种植密度因地区、土壤肥力、栽培方式等条件而异，秋播条件下，早播的收获期早宜密植，晚播的宜稀植；土壤肥沃，有机质含量高，根系发育好，土壤能充分供应肥水，植株

生长健壮，叶面积大，为减少个体之间相互遮阴应适当稀植，反之就要密植；宽行栽培时可缩小株距，大小行栽培时可增加密度。

（3）田间管理

①中耕除草　大白菜属浅根系蔬菜，为了促进根部生长发育，中耕除草很重要，中耕要掌握"早"和"浅"。整个生长期一般中耕2～3次，第一次中耕除草在苗出齐后结合第一次间苗时进行，中耕深度为1～2厘米，要求刮净小草。第二次中耕除草在定苗后进行，此时由于根际不大，为了促进根系生长，要求深中耕，在行间或沟底中耕深达5～6厘米，植株附近稍浅，要把地锄松拉透，做到上不伤叶下不伤根，根际周围的草要拔干净。在南方多雨地区，杂草生长很快，还需要多拔几次草。高垄直播的在每次中耕的同时还应注意培土，以免大白菜根部外露和失去高垄的作用，同时也便于浇水。如果苗期降雨多，土壤长时间泥泞板结，不能进行中耕时可用铁钩子把地皮划破一遍，以利于散湿晾墒，防止土壤含水量过大，造成根系缺氧而植株衰弱、变黄，甚至发生烂根现象。

②水分管理　大白菜植株大，叶面积大，水分蒸发量也大，而大白菜又属浅根系蔬菜，对土壤深层水分吸收能力差。所以，应及时浇水，保持土壤一定湿度，才能保证大白菜正常生长。出苗期要求较高的土壤湿度，土壤干旱萌动的种子很容易出现"芽干"死苗现象。播种时要求土壤墒情好，播种后应及时浇水，土壤相对湿度保持在85%～90%为宜；幼苗期幼苗本身对水分的需求量不多，但正值高温干旱季节，要保持土表湿润，做到"三水齐苗，五水定棵"；莲座期大白菜生长量增大，为了促进根系下扎，需根据品种特性和苗情适当控水蹲苗，防止大白菜徒长。蹲苗在莲座中期进行，可根据品种、苗情、天气、土质、墒情和栽培情况灵活掌握。一般早熟品种、生长快的品种、育苗移栽的、苗情差的、干旱少雨或莲座期气温较高的年份，要少蹲或不蹲苗。蹲苗以后，因土壤失水较多，需及时浇水；进入结球期后，生长量加大，需水量更多，一般7天左右浇1次水，保持地皮不干，要求土壤相对湿度为

85%～94%。此期如果缺水不但影响包心，还易发生"干烧心"。但也不宜大水漫灌，否则积水后易感染软腐病。如果为晚熟冬储大白菜，收获前7天应停止浇水，以免大白菜含水量过大不利于贮存。

③施肥管理　大白菜对肥料需求总的趋势是苗期较少，进入莲座期需肥量逐渐增大，莲座后期呈直线上升，至结球后期生长缓慢需肥量不断下降。因此，在整个栽培过程中，在施足基肥的基础上，适时合理地施用追肥，促进植株的生长发育才能获得高产。

幼苗期，根系小吸收能力弱，一般不追肥。只有在无基肥或基肥不足、幼苗黄弱的情况下需追施"提苗肥"，每667米^{2}可追施尿素5～7.5千克，于中耕前将肥料施于距苗10～12厘米处的两侧，随即进行中耕；进入莲座期后大白菜外叶迅速形成和发育，需及时追施"发棵肥"。具体方法是，在大白菜定苗浇水以后，待土壤湿度适宜时，于垄的中部，距植株18～20厘米处开8～10厘米深的浅沟，每667米^{2}沟内撒施腐熟、细碎的优质有机肥1200～1500千克，或三元复合肥30～40千克，施肥后封沟并浇1次大水；莲座期结束后进入结球期，大白菜地上部与地下部都处于旺盛生长期，对肥料需求达到高峰期，要重施1次"关键肥"。每667米^{2}随水冲施碳酸氢铵或硫酸铵20～25千克。间隔一水后再追施1次"灌心肥"，每667米^{2}施碳酸氢铵或硫酸铵20～25千克。在结球中期末，在气温不低于12℃时再追1次肥，每667米^{2}施碳酸氢铵或硫酸铵15～20千克。结球后期由于温度太低，根系吸收能力弱，施肥效果不佳，可不再追肥。总之，大白菜追肥应掌握的原则是：苗期轻施，莲座期和结球期重施。在土壤肥力不足和基肥少的情况下应重点抓莲座期和包心前的"关键肥"。如果地力条件好，基肥充足可重点抓包心前的"关键肥"和结球中期的"灌心肥"。

在生长过程中还可喷施叶面肥，一般在莲座期内进行，每隔7～10天喷1次，共喷3～4次。喷施叶面肥，最好选择在无风晴天的清晨或下午4时以后进行。

五、特色白菜优质栽培技术

1. 彩色白菜

（1）**栽培方式**　彩色白菜科学研究起步较晚，品种类型较少，目前主要以春、秋两季栽培为主。春季可选择露地、大棚、温室等保温栽培；秋季以露地栽培为主；在一些高海拔地区可进行夏季耐热栽培。

（2）**栽培条件**　彩色大白菜的根系主要分布在浅土层，种植宜选择肥沃、疏松、通气、保水、保肥的沙壤土、壤土及轻黏土地块，pH 值 7～7.5。彩色大白菜是需水量较大的蔬菜，幼苗期因根系很浅，应经常浇水；莲座期需水量大，但浇水应适当，防止水分过多而引起徒长，影响根系下扎和包心；结球期需水量增多，应大量浇水，促使叶球迅速生长。整个生长期内对钾的吸收量最大，氮、钙次之，对磷、镁的吸收量较少。

春季栽培应在当地最低气温不低于 5℃时育苗或直播。秋播栽培一般华北地区 8 月上中旬播种，长江流域 8 月下旬播种，华南地区 8～11 月份均可播种，高寒地区 6～7 月份播种。生产中各地应根据不同品种的生育期，以当地 -2℃以上寒潮来临期上溯生长期之日期为最佳播种时间，过早，天气炎热，易感病毒病；过晚，生育期不足，影响产量。

（3）**栽培技术要点**

①整地做畦　选择土质肥沃、排水良好的中性壤土地块进行栽培为宜。为防止病虫害的传播，应尽量避免与十字花科蔬菜连作，前茬以茄果类、瓜类、豆类、葱蒜类蔬菜为好。前茬作物收获后尽早腾茬，清除前茬残株杂草，每 667 米^2 施优质腐熟有机肥 5 000千克、过磷酸钙 25～40 千克、硫酸钾 15～20 千克，均匀撒施后随即用旋耕机旋耕，然后修好排灌渠道，精细平整地块。一般采用高垄栽培，垄高 10～13 厘米，垄背宽 25 厘米，垄距 50～60 厘米。

②播种育苗　春夏栽培可育苗移栽，育苗与苗期管理方法同普通大白菜。秋季栽培一般直播，先在高垄顶部划 2 厘米深浅一致的浅沟，然后将种子均匀撒入沟内，覆土不超过 1 厘米，覆土后踩垄一遍，每 667 米 ^{2} 用种子 150～250 克。播种后根据天气情况灵活掌握浇水，特别在雨水少、气温高的秋季，必须采取"三水齐苗，五水定棵"的措施，保持土壤湿润，促进出苗。在幼苗出齐后及时进行查苗补苗，补苗时多带土少伤根，并连续 3 天点水，以利于缓苗。当幼苗长出 2 片真叶时进行第一次间苗，苗距 5～6 厘米；长出 4 片真叶时进行第二次间苗，苗距 15 厘米左右。间苗时淘汰小苗、弱苗、病苗、杂苗、畸形苗和被虫咬伤的苗，选留壮苗。每次间苗浇水后进行中耕，深锄沟、浅锄背，除净杂草，并结合中耕适当培土，以保证垄形完整、防止幼苗根部外露。当真叶达 8～10 片时进行定苗，苗距 45 厘米左右，每 667 米 ^{2} 留苗 2 500 株左右。

③田间管理　定苗或移栽缓苗后要施肥提苗，促进"团棵"。施肥时在距根部 10～15 厘米处开 5～6 厘米深、10～15 厘米长的浅沟，将肥料撒施入浅沟即可。每 667 米 ^{2} 可施优质腐熟有机肥 1 000～1 500 千克、硫酸铵 15 千克，如缺乏有机肥可施三元复合肥 30～45 千克。施肥后立即覆土封沟并浇水，使肥料迅速溶解，及时供给植株生长的需要。浇水 2 天后开始中耕，要深锄沟、浅锄背。中耕后根据土质、气候、苗情适当进行蹲苗，一般蹲苗期为 10～15 天。当莲座叶接近封垄或已封垄、心叶开始抱合时结束蹲苗，开始浇水。如在保水保肥差的沙土地种植，可少蹲苗或不蹲苗，否则反而易引发干烧心。蹲苗结束进入结球期，需水量达到高峰，一般壤土每隔 6～7 天需浇 1 次水，浇水时切忌大水漫灌，遇雨少浇水或延后浇水，收获前 5～7 天停止浇水。结合浇水可适当追肥 2～3 次，每次每 667 米 ^{2} 可追施碳酸氢铵或硫酸铵 20～25 千克，顺水施入田间。采收前 15 天不再施肥。

2. 娃 娃 菜

（1）栽培方式　娃娃菜可垄栽，也可畦栽。春、秋两季宜畦栽，省工省时，一般采用高畦或平畦，畦宽1～1.2米，沟宽40厘米，沟深20厘米，每畦种4～5行。夏季宜垄栽，利于排水，可采用大垄双行方式，垄底座宽60厘米，垄面宽30厘米，垄高20厘米，在垄上错开双行定植。

（2）**栽培条件**　娃娃菜喜冷凉的生长环境条件，较耐寒。其发芽适温为25℃左右，幼苗期能耐一定的高温，叶片和叶球生长适宜温度为15℃～25℃，5℃以下易受冻害，低于10℃生长缓慢、包球松散或无法包球，高于25℃则易染病毒病。春季播种或定植时气温必须达到13℃以上，以免抽薹。在营养生长期间喜欢较湿润的环境，由于其根系较弱，如果水分不足则生长不良，组织硬化，纤维增多，品质差。日光温室等保护设施栽培，可全年排开播种，分期采收，均衡上市。早春要注意防止低温抽薹，夏季要用遮阳网、防虫网覆盖遮阴降温，防止蚜虫传播病毒。

（3）**栽培技术要点**　娃娃菜适宜在春秋露地和春、秋、冬保护地种植，可排开播种，分期采收，均衡上市。以北方地区栽培为例，主要栽培模式：一是春温室栽培。1月中旬育苗，2月中下旬定植，也可2月初直接播种，4月中下旬采收。二是春大棚栽培。2月上旬温室育苗，3月上旬定植（或3月初直接播种），4月底至5月初采收。三是春露地栽培。直播适期在3月底至4月初，育苗移栽在3月上中旬播种育苗，4月上旬定植，5月底至6月初采收。四是夏秋季露地栽培。8月中下旬直接播种，10月上中旬采收。五是秋冬温室栽培。9月下旬至11月上旬直接播种，11月份至翌年2月份采收。

①整地做畦　娃娃菜因地上部分较少，所以根系比一般白菜要小，以选择土壤肥沃、排灌方便的沙质壤土至黏质壤土为宜。因生育期较短，要注重基肥的使用，每667米² 施腐熟有机肥4 000～5 000千克、三元复合肥10～15千克作基肥，缺钙或土质较碱的地区可增施过磷酸钙15～20千克，以保证钙的吸收，深翻耙平。

②播种或定植　在有保护设施的情况下，可全年排开播种。但春天要注意低温抽薹的危险，育苗和定植后均需覆盖地膜、小拱棚

等保温；夏季覆盖遮阳网，遮阴降温，并利用防虫网防止蚜虫传播病毒病。娃娃菜可直播，也可育苗移栽。在气候较为适宜的春、秋两季，可以精量播种，即每穴点播 2 粒种子和每穴点播 1 粒种子交叉进行，每 667 米^{2}用种量 100～150 克。育苗移栽的要在 3 叶期带土坨移栽定植，尽量早植，以缩短缓苗期，株行距 20 厘米× 30 厘米。

③田间管理　娃娃菜田间管理较为简单，播种后 2 周及时间苗、定苗、补苗，并拔除杂草。一般不蹲苗或者只进行 1 周时间蹲苗，便可加强肥水管理促进生长。生产中需保持土壤湿润，但不要积水，进入结球期后每 667 米^{2}追施尿素 10 千克，生育期追肥 1 次即可。娃娃菜生育期短，抗性较强，病虫害较少，如果发生病虫害可参照普通大白菜病虫害防治方法。

3. 苗用型白菜

（1）栽培方式　苗用型白菜主要以露地直播为主，为获得较高的经济效益，不同时期可选择不同的栽培模式。

①露地栽培　此模式是苗用型大白菜栽培的主要方式，长江以南地区四季均可在露地栽培；长江以北、黄河以南地区 3～11 月份可露地栽培；北京、天津等华北地区 4～10 月份可露地栽培；东北地区 5～9 月份才可露地栽培。

②小拱棚覆盖栽培　在早春、秋季天气比较冷凉时，采用小拱棚覆盖可以适当提前播种或延晚采收，如河南等地在 2 月中旬或 11 月下旬利用小拱棚可在露地提前早播或延晚采收。

③大棚遮阴防雨栽培　在夏季酷暑期，高温、干旱和暴雨频发地区，可利用闲置的大棚覆盖遮阳网或防虫网进行苗菜栽培，这样不仅可以遮阴降温，还能防止暴雨的直接冲刷，减少病虫害的发生，可提高夏季苗用大白菜的品质。

④日光温室保温栽培　在黄河以北地区，尤其是在东北地区，冬季严寒季节（11 月份至翌年 2 月份）在日光温室内利用番茄、黄瓜等果菜的休闲茬口进行苗用大白菜栽培，不仅可以提高土地利用

率，增加农民收入，而且还有改善温室土壤、丰富市场供应的作用。

（2）**栽培条件** 苗用型白菜栽培以收获幼苗或半成株为目的，适宜大白菜种子萌发、幼苗生长的环境条件即为最佳的苗用型白菜栽培条件。大白菜属半耐寒性蔬菜，怕酷热不耐严寒，通常喜欢冷凉的气候。播种后保持20℃～25℃的适宜温度，并保持土壤湿润，3天齐苗。如果温度过高、气候干旱，会引起苗期病毒病。大白菜出苗后对温度的适应性强，但温度过高（高于30℃），易导致叶片徒长并诱发病害；温度过低（低于13℃），会造成生长缓慢，且易通过春化而抽薹。阳光充足，叶片绿且叶质较厚；而光照不足易徒长，幼苗细弱、叶片浅绿。整个栽培季，对水分的需求不大，但需保持土壤湿润，以利植株健壮、脆嫩。栽培时以选择土壤肥沃、疏松、保水性好的沙壤土及轻黏土为好，适量施用氮肥，以促进幼苗生长。

（3）**栽培技术要点**

①**栽培季节** 苗用大白菜一年四季均可栽培，茬口安排灵活，主要有秋冬季、春季和夏季三大栽培季节。秋冬栽培在8～12月份均可陆续直播或育苗移栽，春季栽培在1～3月份播种。为防止先期抽薹，秋冬和春季栽培要采取防寒保温措施，并选择耐抽薹、早熟、品质优良的品种；夏季栽培于6～8月份播种，7～9月份收获上市，夏秋季栽培应选择耐热性较好、抗病性强的专用品种。

②**整地做畦** 选择保水保肥、排水良好的地块栽培，前茬以茄果类、瓜类、葱蒜类等蔬菜茬口，或玉米、小麦等禾本科作物茬口为佳。前茬收获后尽早清洁田园，每667米²施充分腐熟有机肥3 000～4 000千克、三元复合肥25～50千克或磷酸二铵25～50千克，翻耕晒垡。翻地后做平畦或高畦，潮湿多雨地区可采用高畦栽培，干旱少雨地区或设施栽培可采用平畦。

③**播种育苗** 苗用型大白菜直播可畦播或垄播，畦播时做成1.2～1.5米宽、10米长的平畦，播前浇透水，水渗后均匀撒播种子，按每平方米用种1克撒播，播后覆0.5～1厘米厚的细土。也可

在畦内开沟条播,沟距 15 厘米,覆盖后浇水。2 叶 1 心时间苗,3～4 叶时定苗,株距 8～10 厘米。一般 1.2 米宽畦可播种 7 行,每 667 米^2 用种 400～500 克、定苗 3.5 万～4 万株;垄播时做高 10～15 厘米、垄背宽 25 厘米、垄距 60 厘米左右的高垄,在垄背开沟条播或撒播,略微踩实后浇水,每 667 米^2 用种 500～600 克。播种后保持土壤湿润,以利出苗。2 叶 1 心时间苗,3～4 叶时定苗,株距 13 厘米左右。除夏季外,秋冬季和早春也可以育苗移栽,方法同普通大白菜育苗,每 667 米^2 用种 100～150 克,定植时株距 10 厘米、行距 15 厘米左右为宜。

④田间管理　苗用大白菜田间管理主要是浇水、施肥、间苗、除草等。大白菜苗期根系浅,需水量大,要经常保持田间湿润,暴雨后应及时排水。白菜苗生长时间短,一般 30 天左右,整地时施足基肥,生长期间一般不再追肥。如土壤肥力不足,则需追肥 1 次,每 667 米^2 可追施尿素 10～15 千克。在春季栽培时应适当追肥,以促进植株生长,抑制抽薹。

播种出苗后,在 2 叶 1 心时进行间苗,苗间距 2～3 厘米,结合间苗进行除草。晚春、夏季和秋季采用直播的杂草生长速度比较快,尤其是在雨后,影响菜苗的正常生长,故一定要及时中耕除草。植株封行后,不再中耕除草,可人工拔除杂草。注意及时浇水,可于每天早晨或傍晚浇水 1～2 次。雨季及时排除田间积水,采收前控制浇水。

第五章
大白菜病虫害防治

一、病虫害综合防治

1. 农业防治

农业防治是指利用农业技术措施创造有利于大白菜生长而不利于病虫害发生的环境条件，保持田间良好的生态平衡，以控制、避免或减轻病虫危害。

（1）**选择适宜品种**　在栽培中要根据栽培茬口、气候条件选择适宜的品种，如在气候温和、湿润的沿海地区宜选用卵圆球型品种，如鲁白2号、鲁白3号等。在大陆性气候地区，宜选用平头型品种，如鲁白1号、小包23等。在气候温和湿润，但寒潮侵袭频繁、气候变化剧烈的地区，应选用直筒型品种，如辽白12、沈农超级白菜、锦州新五号等。春季栽培时宜选用耐抽薹品种，如春大将、鲁春白一号、春宝黄等；夏季和早秋种植宜选用耐热、早熟品种，如早熟5号、夏阳50、郑早60等；秋季宜选用耐贮运品种，如北京新三号、鲁白8号等。此外，同等条件下应选择抗病虫品种，一般来说叶色深绿的品种较抗病，淡绿色品种抗病力较弱；叶片茸毛多的品种较抗虫害，而无茸毛品种抗虫能力较差。

（2）**适时播种**　合理掌握播种期，以避开病虫危害高峰期，如秋季在华北地区适当推迟大白菜的播种期，可减轻病毒病的发生；春季适当早播可以使大白菜在2～4片真叶期与小菜蛾、菜青虫等害虫的发生高峰错开，从而减轻危害。

（3）**合理轮作间作**　合理轮作不仅能提高作物本身的抗逆能力，而且能够使潜藏在地里的病原物经过一定期限后大量减少或丧失侵染能力。如大白菜与葱蒜类蔬菜轮作间作，可以有效地阻碍病菌的繁殖，使土壤中已有的病菌密度下降，从而减轻病害发生；与番茄、黄瓜等果菜类蔬菜轮作，田间积累的大量养分可使大白菜植株生长健壮，可提高对病虫害的抵抗能力。

（4）**精耕细作**　进行深耕以破坏表层土壤中病原菌的生存环境，一般要求播种前深耕 40 厘米，并耙碎土壤，以提高土壤的通气保肥能力。收获后还要深翻土壤，使其借助自然条件，如低温、太阳紫外线等，以杀死部分土传病原菌和虫卵。生产中提倡深沟高畦栽培，以利于浇水和排水；干旱炎热地区最好采用喷灌或滴灌措施，以提高田间空气湿度和土壤湿度，暴雨之后要及时排水防止积水。

（5）**科学施肥**　原则上施肥以农家肥、有机肥为主，配合施用磷、钾化肥；基肥要足，勤施追肥，结合喷施钙、铁、锰等微量元素叶面肥，以提高大白菜的抗性和品质。合理施肥改善土壤营养条件，尤其是长期连茬的老菜区，合理施肥可以提高大白菜的抗病虫能力，有条件的地区还应实行测土配方施肥，以提高白菜的抗病能力和叶球品质。

（6）**清洁田园**　病菌和害虫主要通过依附在作物的残枝及杂草上繁殖、越冬和传播，所以在前茬作物采收后要及时清洁田园，消除病原菌和害虫生存的环境条件。尤其对易感根系病害的蔬菜还要清除残根，并及时翻耕土地，以减少害虫产卵繁殖的场所。同时，在生长后期应加强病虫害防治，直接减少病菌虫卵基数。

2. 生物防治

生物防治和化学防治相比具有经济、有效、安全、污染小和产生抗药性慢等优点。成功的生物防治方法主要包括以虫治虫、以菌治虫、以病毒治虫和生物制剂防治病虫害等。生物防治是目前发展无公害生产的先进措施，特别适合绿色无公害蔬菜生产基地推广应用。

（1）**保护和利用天敌** 通过利用和保护自然界中的益虫和寄生性微生物，以有效地捕杀害虫，起到防虫治虫的作用。生产中常用的天敌有：以瓢虫治蚜，如七星瓢虫、异色瓢虫、龟纹瓢虫等；赤眼蜂防治菜青虫、小菜蛾、斜纹夜蛾、菜螟、棉铃虫等害虫；人工释放草蛉捕食蚜虫、粉虱、叶螨及多种鳞翅目害虫卵和初孵幼虫。

（2）**施用生物制剂** 当前生产中常用的生物杀虫剂主要有苏云金杆菌防治菜青虫、小菜蛾、菜螟、甘蓝夜蛾等；白僵菌防治菜粉蝶、小菜蛾、菜螟等鳞翅目害虫；茼蒿素植物毒素类杀虫剂防治菜蚜、菜青虫；苦参碱防治菜青虫、菜蚜、韭菜蛆等；阿维菌素防治菜青虫、小菜蛾等。生物杀菌剂防病害，如嘧啶核苷类抗菌素防治大白菜白粉病、黑斑病、炭疽病；春雷霉素防治大白菜角斑病；多抗霉素防治大白菜霜霉病、白粉病、猝倒病；中生菌素可防治白菜软腐病、黑腐病、角斑病；链霉素可用于防治大白菜软腐病。昆虫生长调节剂主要有苏脲1号防治菜青虫等；氟啶脲防治甘蓝小菜蛾、菜青虫、甜菜夜蛾等；除虫脲防治小菜蛾、菜青虫等；虫酰肼防治甘蓝夜蛾、甜菜夜蛾等。

3. 物理防治

（1）**灯光诱杀** 在小菜蛾、菜螟、斜纹夜蛾等成虫羽化期，采用黑光灯可有效诱杀菜螟、小菜蛾、斜纹夜蛾及灯蛾类成虫。在成虫发生期，每667米^{2}设1盏黑光灯，每晚9时开灯，翌日早晨关灯。

（2）**性诱剂诱杀** 利用活害虫的成虫或其性激素的提取物诱杀成虫，可有效地减少羽化盛期害虫数量。具体做法：用长10厘米、直径3厘米的圆形笼子，每个笼子里放2头未交配的雌蛾，也可用成品性引诱剂，把笼子吊在水盆上，水盆内盛水并加入少许煤油，在黄昏后放于田中，1个晚上可诱杀数百上千只雄蛾。

（3）**趋性诱杀** 利用害虫对颜色、气味等的趋避性诱杀，如利用蚜虫趋黄特性在田间设置黄板诱杀，通常每667米^{2}设20～30块，置于田间与植株高度相同位置即可；利用蚜虫对银灰色的忌避性，每667米^{2}用1.5千克银灰色膜剪成15厘米长的挂条，可有效驱避蚜虫；利用地老虎、斜纹夜蛾等对糖醋液的趋性，用糖6份、酒1份、醋2～3份、水10份，加适量敌百虫配制糖醋液诱杀。使用时应保持盆内溶液深度3～5厘米，每667米^{2}放1盆，盆要高出作物30厘米，连续防治15天。

（4）**防虫网隔离** 使用20～40目防虫网覆盖大棚、冷棚或小拱棚，不仅可以免除菜青虫、小菜蛾、甘蓝夜蛾、甜菜夜蛾、斜纹夜蛾、黄曲条跳甲、蚜虫等多种害虫的危害，而且可以阻断昆虫传播病菌，减少病害的发生。

（5）**种子消毒** 常用的种子消毒方法有温汤浸种和药剂处理，其中温汤浸种是一种比较安全的种子消毒方法，可有效杀灭附着在种子表面和潜伏在种子内部的病原菌。具体做法是将种子放在50℃温水中浸泡30分钟，然后播种。药剂处理可杀灭附着在种子表面的病原菌，可用45%代森铵水剂200～400倍液或0.1%甲醛溶液浸种15分钟，捞出冲洗干净，晾干后播种。也可用50%多菌灵可湿性粉剂，按种子重量的0.3%拌种。

（6）**土壤消毒** 大白菜生产中通常使用的土壤消毒方法有药剂消毒和高温消毒。药剂消毒一般用于育苗苗床消毒，每平方米苗床用40%甲醛50毫升加水10升均匀喷洒，然后用草袋或塑料薄膜覆盖，闷10天左右揭掉覆盖物，使气体挥发，2天后可播种。也可每平方米育苗床用50%多菌灵可湿性粉剂1.5克与适量细土配制成毒土撒在苗床上。

高温消毒用于棚室保护地土壤消毒，在夏季高温季节利用棚室休闲期，每667米^{2}用麦秸（或稻草）1 000～2 000千克撒于地面，再在麦秸上撒施石灰氮50～100千克；深翻地20～30厘米，浇透水后地面用薄膜密封，四周盖严，棚室完全密封20～30天。闷棚结束后将薄膜揭掉，耕翻、晾晒，即可种植。

4. 化学防治

化学防治就是采用化学药剂有针对性地防治病虫害，一般要求适当的时机和方法，才能有效防治。如防治蚜虫一般在苗期和莲座期喷药；防治菜青虫、菜蛾、菜螟、斜纹夜蛾用药时间应在幼虫三龄前及时进行。害虫对化学药剂容易产生抗药性，几种不同农药要交替使用，也可与微生物农药混用。喷药时应严格控制用药量及浓度，必须在药效期过后方可采收上市。化学药剂应选择高效、低毒、残留时间短的药品，禁止使用高毒、高残留农药。

二、主要虫害及防治

1. 蚜 虫

蚜虫又称蜜虫、腻虫等，我国危害白菜的蚜虫主要有菜缢管蚜（萝卜蚜）、桃蚜和甘蓝蚜 3 种。蚜虫可进行孤雌生殖，其两性卵可进行性别转化，既可转化成有翅蚜也可转化成无翅蚜，因此蚜虫的危害发展极为迅速，若不及时防治，3～5 天内就会造成毁灭性灾害。

（1）**危害症状** 蚜虫往往群居于蔬菜叶背或留种株的嫩梢嫩叶吸食汁液，造成植株节间变短、弯曲，幼叶向下畸形卷缩，使植株矮小，影响包心或结球，造成减产。同时，因大量排泄蜜露、蜕皮而污染叶面导致煤污病，降低蔬菜商品价值。大量的蚜虫咬食叶片，轻则造成植株失水、生长缓慢，重则全株萎蔫、死亡。此外，蚜虫还是病毒病的传播媒介，造成的损失大于蚜害本身。

（2）**防治方法** 防治蚜虫应改变以化学防治为主的传统观念，提倡以改进栽培措施和物理防治为主、以化学防治为辅的综合防治措施。

①农业防治 选用抗虫品种，如小青口、大青口等多毛品种，蚜虫不喜食，可根据当地种植习惯适当选用。避免在十字花科或茄科蔬菜地上连作，前茬作物收获后要及时清茬整地，彻底清除田间

和地头的残株败叶。采用与小麦、玉米间作套种的方式，充分利用小麦和玉米上的瓢虫来控制蚜虫数量。早春在越冬菠菜、十字花科的留种株、桃树等蚜虫越冬的场所尽早用药剂进行防治，减少当年的虫源。在保护地生产发达的地区，一定及时消灭设施内的蚜虫，防止越冬蚜虫迁入大田。采用防虫网覆盖栽培，可在苗期有效阻挡蚜虫侵入危害。育苗时，播种后在育苗畦上覆盖40～45筛目的白色或银灰色网纱，杜绝蚜虫接触菜苗，减少青菜的蚜害，对减轻秋白菜病毒病也有明显效果。

②物理防治　利用蚜虫对黄色的趋性，将涂黄油的黄色黏虫板或盛有2.5%溴氰菊酯乳油3 000倍液的黄色器皿，架在距地面0.5米高的地方诱杀蚜虫。利用蚜虫对银灰膜的忌避性，在种植地块间隔铺设银灰膜条，避免有翅蚜迁入菜田。

③生物防治　利用蚜虫天敌瓢虫、蚜茧蜂、食蚜蝇、草蛉等进行生物防治，天敌较少时可人工饲养草蛉、瓢虫等进行人工释放杀灭蚜虫。药剂防治时应尽量采用对天敌伤害最小的药物。

④药剂防治　可用50%抗蚜威可湿性粉剂2 000～3 000倍液，或10%吡虫啉可湿性粉剂4 000倍液喷雾防治，因蚜虫多生在心叶及叶背，要求喷药时做到细致周到，每隔7天喷施1次，连续喷2～3次。设施内发生蚜虫，每100米^{2}用80%敌敌畏乳油45～60克掺适量的锯末或草粉，进行暗火熏蒸。

2. 小菜蛾

别名扭腰虫、吊丝鬼、小青虫等，属鳞翅目菜蛾科，为世界性迁飞害虫。主要危害白菜、甘蓝、青花菜、菜薹、芥菜、花椰菜、油菜、萝卜等十字花科植物。

（1）**危害症状**　幼虫孵化后潜入叶取食叶肉，稍大便啃食表皮和叶肉，使叶片残留一面表皮、形成多个透明的斑，俗称"开天窗"，严重时全叶被吃成网状。在苗期常集中心叶危害，影响抱心。幼虫还可在留种菜上危害嫩茎、幼荚和籽粒，影响结实。

（2）**防治方法**　小菜蛾多发生于种植十字花科蔬菜较多的春、

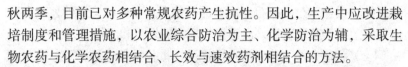

秋两季，目前已对多种常规农药产生抗性。因此，生产中应改进栽培制度和管理措施，以农业综合防治为主、化学防治为辅，采取生物农药与化学农药相结合、长效与速效药剂相结合的方法。

①农业防治 提早或推迟播种，使易受虫害的苗期避开小菜蛾危害高峰期。例如，南方地区3～4月份和11～12月份，北方地区5～6月份和8～9月份小菜蛾危害较重，应提前或推迟播种，避开危害高峰。实行与瓜、茄果、葱蒜等类蔬菜轮作技术，可用甘蓝、芹菜、白菜、青葱、大蒜、韭菜、番茄、辣椒等多种蔬菜间作套种，轮作间作只需苗期防治小菜蛾，中后期一般不需防治。

②生物防治 利用草蛉、蛙类和寄生蜂（如菜蛾绒茧蜂、啮小蜂等）天敌昆虫可有效防治小菜蛾成虫及幼虫。利用苏云金杆菌等生物制剂防治。使用性诱制剂，如每 667 米^2 设置 8～10 个小菜蛾性诱芯诱盆，每个生长季放 1～2 次诱芯，便可诱到大量小菜蛾雄成虫，从而降低雌性成虫的产卵。

③物理防治 利用小菜蛾的趋光性，在田间设置黑光灯、高压电网等设施杀灭成虫，可有效控制成虫产卵，减少幼虫危害。

④化学防治 由于小菜蛾各虫态阶段均有隐蔽性，喷施药液防治只对从潜叶钻出的幼虫才能起到触杀作用。因此，必须注重施药质量，施药喷雾要细致周到，重点喷施心叶和叶背，使药液接触到虫体。可选用 5% 氟啶脲乳油 1 500 倍液，或 20% 氟虫腈乳油 2 000倍液，或 2.5% 多杀霉素悬浮剂 1 500 倍液，可同时兼治菜青虫。

3.菜青虫

菜青虫属鳞翅目粉蝶科昆虫，危害严重的是幼虫期，因体带淡绿色，故名菜青虫。是十字花科蔬菜的大敌，除危害大白菜外还危害油菜、芥菜、萝卜等蔬菜。

（1）危害症状 菜青虫在幼虫期危害严重，从孵化后到三龄期前食量较小，常啃食叶肉，残留上表皮，三龄后食量大增，可将叶缘咬成缺刻或将叶面穿孔，穿孔融合伤残越来越大，一片完整叶片几乎仅存网状叶脉，大白菜外叶一经破坏就严重影响结球，同时菜青虫的虫粪遗于菜心中也影响商品价值和食用价值。此外，该虫可传带病菌，引起软腐病、黑腐病等病害的发生和流行。

（2）**防治方法**　菜青虫抗药性强，世代重叠现象严重，需要通过综合防治，才能控制其危害。

①生物防治　用100亿个活芽孢/克苏云金杆菌乳剂1 000倍液喷洒，在四龄前幼虫期利用颗粒体病毒防治效果较好。幼虫期和卵期利用广赤眼蜂、菜蛾绒茧蜂等天敌，或用杀螟杆菌600～800倍液、僵菌剂100～200倍液喷雾，每次间隔不超过7天，防治效果较好。此外，还要注意保护广赤眼蜂、微红绒茧蜂、菜粉蝶茧蜂、凤蝶金小蜂、黄斑大腿蜂等寄生性天敌。

②药剂防治　可用20%除幼脲或25%灭幼脲悬浮剂1 000～2 000倍液，或2%阿维菌素乳油800～1 000倍液，或2.5%氯氟氰菊酯乳油2 000倍液，交替喷施，连续喷2～3次。

4. 菜叶蜂

菜叶蜂属膜翅目叶蜂科昆虫，是我国蔬菜的主要害虫之一，主要有翅菜叶蜂、黑翅菜叶蜂、新疆菜叶蜂、黑斑菜叶蜂和日本菜叶蜂5种。其中，黄翅菜叶蜂分布最广，除新疆、西藏外，遍布全国各地，是主要的危害种；新疆菜叶蜂分布在新疆；黑翅菜叶蜂分布在台湾、江苏、浙江、福建等南方各地；黑斑菜叶蜂主要分布在西藏；日本菜叶蜂分布在台湾地区。

（1）**危害症状**　幼虫危害叶片，也可危害嫩茎、花和嫩荚。初孵化时，啃食叶肉，使叶片呈纱布状。稍大后将叶片啃食成孔洞或缺刻，严重时把叶片吃光，仅剩叶脉。春季和秋季均能危害，以秋季危害较重。

（2）**防治方法**

①农业防治　秋冬深翻土壤，破坏越冬蛹室；收获后清除田间杂草、残枝落叶；利用其假死性人工捕捉，方法是清晨用浅口容器承接叶下，容器内盛水和泥，振动植株和叶片，使其落入容器内，集中杀死；在成虫发生期，可用捕虫网在田间或地边杂草上捕捉成虫。

②药剂防治　可用20%灭幼脲悬浮剂2000倍液，或5%氟虫脲乳油1500倍液，或5%氟啶脲乳油2500倍液，或20%氰戊菊酯乳油或2.5%溴氰菊酯乳油3000～4000倍液喷雾防治。

5. 夜　蛾

夜蛾属于鳞翅目夜蛾科昆虫，主要有甘蓝夜蛾、斜纹夜蛾、甜菜夜蛾等，广泛分布于全国各地，是一类杂食性害虫，可危害甘蓝、白菜、萝卜、菠菜、胡萝卜等多种蔬菜作物。

（1）危害症状　夜蛾在春秋季危害重，尤以晚秋发生较多。以幼虫危害叶片，初孵化时的幼虫围在一起于叶片背面进行危害，白天不动，夜间活动啃食叶片残留下表皮。四龄以后，白天潜伏在叶片下、菜心、地表或根周围的土壤中，夜间出来活动，形成暴食。严重时，往往能把叶肉吃光，仅剩叶脉和叶柄，吃完一处再成群结队迁移危害。较大的幼虫还可以蛀入叶球内危害，并排泄大量粪便，引起叶球内腐烂，严重影响蔬菜的品质及产量。

（2）防治方法

①农业防治　前茬作物收获后及时耕翻土地，消灭部分越冬蛹，及时清除杂草和老叶，创造通风透光良好的环境，以减少卵量。根据初孵幼虫具有集中取食的习性，结合田间管理，摘除有卵块及初孵幼虫食害的叶片，可消灭大量的卵块及初孵幼虫，减少田间虫源。

②糖醋液诱杀　利用成虫喜食糖醋的习性进行诱杀，糖醋液按糖、醋、酒、水为3∶4∶1∶2的比例配制，并加少量敌百虫。

③生物防治　充分利用赤眼蜂、松毛虫、寄生蝇、草蛉等天敌昆虫，如卵期每667米^{2}释放赤眼蜂5000头，共放2～3次，寄生率可达70%～80%。

④药剂防治　防治甘蓝夜蛾应抓住幼龄期虫体小、集中、抗药性差的有利时机及时施药。可用90%晶体敌百虫1000倍液，或2.5%溴氰菊酯乳油或2.5%氯氟氰菊酯乳油2000～3000倍液，或苏云金杆菌乳剂500倍液于三龄前喷洒，有较好的防治效果；在

害虫发生初期可用20%除虫脲或25%灭幼脲悬浮剂500～1 000倍液，喷洒交替用药，每7～10天喷1次。防治斜纹夜蛾可用20%甲氰菊酯乳油3 000倍液，或40%氰戊菊酯乳油4 000～6 000倍液，或2.5%氯氟氰菊酯乳油5 000倍液，或21%氰戊·马拉松乳油6 000～8 000倍液喷洒，每10天喷1次，连续喷2～3次。

6. 菜 蝽

菜蝽又名河北菜蝽、云南菜蝽、斑菜蝽、花菜蝽等，为半翅目椿象科植食性害虫，分布在我国南北方油菜和十字花科蔬菜栽培区，以吉林和河北两省居多。

（1）**危害症状** 成虫和若虫刺吸蔬菜汁液，尤喜刺吸嫩芽、嫩茎、嫩叶、花蕾和幼荚，被刺处留下黄白色至微黑色斑点。子叶期幼苗受害则萎蔫甚至枯死，花期受害则不能结荚或籽粒不饱满。此外，还可传播软腐病。

（2）**防治方法**

①农业防治 清洁田园，清除残株落叶，铲除菜地周围寄主，截断继续繁殖的食料条件，可减轻成虫转株危害。

②药剂防治 用水1.5升+20%虫螨腈悬浮剂10克+2.5%氯氟氰菊酯乳油3克喷雾防治。

7. 跳 甲

跳甲是一类害虫的统称，属于鞘翅目叶甲科害虫。我国常见的有4种，其中以黄曲条跳甲分布最广，各地均有发生。

（1）**危害症状** 跳甲属于寡食性害虫，偏嗜十字花科蔬菜，特别是大白菜。成虫食叶，常数十头集中在一片叶上取食，叶背尤多。将叶片吃成许多小孔或仅留一层表皮的透明点，以幼苗期危害最重。刚出土的幼苗，子叶被吃后，整株死亡，造成缺苗断垄。在留种地主要危害花蕾和嫩荚。幼虫只危害菜根，蛀食根皮，咬断须根，使叶片萎蔫枯死。叶片受害后变黑死亡，并且传播软腐病。

（2）**防治方法** 防治黄曲条跳甲幼虫应在菜苗出土后立即进行，在幼龄期及时用药。

①农业防治　尽量避免十字花科蔬菜连作，中断害虫的食物供给，以减轻危害。及时清除菜地残株落叶，铲除杂草，并将其集中烧毁或深埋，消灭越冬或越夏的害虫，减少田间虫源。播种前深耕晒土，造成不利于幼虫生活的环境并可消灭部分虫蛹。

②药剂防治　在幼龄期及时用药液灌根或撒施颗粒剂，如每667米^{2}撒施5%辛硫磷颗粒剂2～3千克。成虫应注意大面积防治，先由菜田的四周喷药，以免其逃到相邻的地块，可选用25%灭幼脲悬浮剂500～1 000倍液，或48%毒死蜱乳油1 000倍液，或10%氯氰菊酯乳油2 000～3 000倍液，或20%氰戊菊酯乳油2 000～3 000倍液喷雾防治。

三、主要病害及防治

1. 霜 霉 病

大白菜霜霉病俗称白霉、霜叶病等，除危害大白菜外，还可危害萝卜、油菜、小白菜、甘蓝、花椰菜等其他十字花科蔬菜。苗期和成株期均可受害，一旦发生，传播速度快，危害严重。在流行年份可造成50%～60%减产，特别是北方大白菜受害最重。

（1）**危害症状**　霜霉病在大白菜幼苗期即可发生，幼苗子叶上形成褐色小点或凹陷病斑，潮湿时子叶及茎上发病部位会出现白色霉层；遇高温呈近圆形枯斑，受害严重时，子叶和嫩茎变黄枯死。出现真叶后，主要危害叶片，发病初期在叶正面出现水渍状淡黄色或黄绿色多角形病斑，潮湿时在叶背面可生出白色霉层。病斑多时，互相连接可引起叶片大面积枯死。病叶从外向内发展，严重时仅剩叶球，甚至可造成植株不能包心。在采种植株上，花梗受害时通常肿大弯曲，俗称"龙头病"，潮湿时也会长出白色霉房。被害花蕾产生黑色条纹，潮湿时也会长出白色霉层。种荚被害产生黑色斑点，且枯黄生白色霉层，果荚瘦小，结实不良或不结实。

（2）**发病条件**　大白菜霜霉病病菌主要随病残体在土壤中或

留种株上或附着于种子上越冬，春季侵染小白菜、萝卜、油菜等，秋季侵染大白菜。病菌在田间借风雨传播，可多次再侵染。低温（＜16℃）、多雨高湿（空气相对湿度＞80%）或连阴雨持续时间长容易发生病害且广泛流行。秋季过早播种、脱肥或病毒病发生重等条件下危害较重。反季节种植时，因棚室湿度大、温度高，利于霜霉病的发生和传播。

（3）**防治方法**　大白菜霜霉病应采用以抗病品种及加强栽培管理为主的农业综合措施进行预防，发病后及时喷洒农药进行防治。

①农业防治　选用抗病品种，如北京新2号、北京80号、北京106号、晋菜3号、丰抗70号、烟白1号、山东4号、鲁白6号、青杂3号、龙白1号、秦白2号、小青口、小杂55、小杂60、小杂65、绿宝、天津青9号、拧心青等较抗霜霉病。播种前对种子消毒，可用种子重量0.4%的25%甲霜灵可湿性粉剂或70%乙铝·锰锌可湿性粉剂。严格掌握播种时间，秋季切不可盲目提早播种，以免苗期遭遇高温，减弱生理抗性。合理施肥，注重有机肥，配合施用化肥，氮、磷、钾肥配合施用。及时间苗，淘汰病株，减少病菌的累积。

②药剂防治　一般在大白菜苗期、莲座末期及包心初期进行防治。药剂可用75%百菌清可湿性粉剂600倍液，或58%甲霜·锰锌可湿性粉剂500倍液，或70%乙铝·锰锌可湿性粉剂500倍液，或72.2%霜霉威水剂600～800倍液，或霜脲·锰锌可湿性粉剂800～1000倍液，每隔7天喷1次，连续喷2～3次。

2. 病 毒 病

病毒病又叫花叶病、孤丁病、抽疯病等，目前侵染大白菜并导致严重病毒病发生的主要病原病毒有芜菁花叶病毒、黄瓜花叶病毒和烟草花叶病毒，这3种病毒在我国各地普遍存在，而且两种以上病毒同时侵染危害发生普遍，严重危害大白菜生产。

（1）**危害症状**　病毒病在莲座期以前容易发生，苗期发病时心叶呈明脉或叶脉失绿，产生浓淡不均的绿色斑点并沿叶脉褪绿，出现花叶，叶片皱缩不平。成株期发病早的，叶片严重皱缩，质硬而脆，常生许多褐色小斑点，叶背主脉上生褐色稍凹陷坏死条状斑，植株明显矮化畸形，不结球或结球松散；感病晚的只在植株一侧或半边呈现皱缩畸形，或显轻微皱缩和花叶，仍能包心，剥去外叶可见内叶上有褐色坏死斑点。包心后期，也可发现受害轻重不等的植株，通常是外表正常、叶球内叶受害，受害植株内球叶上有褐色坏死斑点，轻者部分内叶、重者半个叶球内叶受害，俗称"夹皮烂"，病株有苦味。

（2）发病条件　大白菜病毒病由病毒引起，田间蚜虫是病毒病传播的重要媒介。苗期，特别是6～7片叶前最易感病，也是蚜虫传毒的危险期，感病越早，发病越重，损失越大，感病晚则发病较轻。若播种后遭遇高温干旱，地温高而且持续时间长，大白菜根系生长发育受抑抵抗力下降，有利于蚜虫繁殖和活动，此时易发病。另外，播种早，蚜虫多，管理粗放，地势低不通风或土壤干燥、缺水、缺肥时发病重。

（3）防治方法

①农业防治　选择抗病品种，如北京新1号、抱头青、冀3号、牡丹12号、山东1号、青杂5号、烟台1号、天津绿、城阳青、小杂56、北京大青口、包头青、塘沽青麻叶、晋菜1号、晋菜3号等。适期播种，避过高温及蚜虫猖獗季节；避免与十字花科蔬菜连作或间作，可与豆、韭菜、葱、蒜等蔬菜轮作或间作；加强田间管理，及时拔除病苗、弱苗，培养健壮苗；适时浇水降温，防止高温干旱；苗期及早防治蚜虫，尤其是春季气温升高后对采种株及春播十字花科蔬菜的蚜虫更要早防；育苗移栽时，可用40～45目白色尼龙纱或塑料纱网做成小拱棚进行覆盖，防止蚜虫进入苗床。

②药剂防治　从2～3片真叶期开始，喷施对病毒具有抑制作用的药剂，每隔10～15天喷1次，连喷4～5次，药剂可用0.5%烷醇·硫酸铜乳油1500倍液，或0.5%菇类蛋白多糖水剂300倍液，或20%吗胍·乙酸铜可湿性粉剂500～700倍液。在病毒病将要发

病或发病初期，用2%宁南霉素水剂200～260倍液喷雾，幼苗期适当减少用量，连续喷施2～3次，间隔7～10天。

3. 软 腐 病

软腐病属细菌性病害，病原细菌寄主范围广泛，容易传染，是大白菜的重要病害。

（1）危害症状 因病菌侵染部位和环境条件的不同，田间症状表现有所差异，通常有3种类型：一是莲座期植株晴天中午外叶萎蔫，早、晚恢复，持续几天后，病叶叶柄基部腐烂、瘫倒平贴地面，露出叶球，俗称"脱帮"；或者植株根茎底部组织腐烂，最终心髓腐烂，流出灰褐色黏稠物，病株一触即倒或叶球用手一揪即可拎起，俗称"烂疙瘩"。二是病菌从叶帮基部伤口侵入，形成水浸润区，后变为淡灰褐色呈黏滑软腐状。三是病菌由叶柄或外叶边缘侵入引起腐烂，干燥时烂叶干枯呈薄纸状紧裹住菜球，俗称"烧边"；或由叶球顶端伤口侵入引起腐烂，叶球内外叶良好，只是中间叶片自边缘向内腐烂，俗称"夹心烂"。软腐病的特点是病部黏滑软腐，同时产生硫化氢恶臭味，区别于黑腐病。软腐病在贮藏期间可继续发展，一般从伤口处开始发病，自外部叶片或叶帮基部向里扩展，造成烂窖。窖藏大白菜带菌种株定植后也可发病，致采种株提前枯死。

（2）发病条件 软腐病的病原菌多从植株伤口侵入，在生长过程中出现的自然裂口、虫伤、机械损伤及病伤等均可被侵染，尤其在莲座期后严重发生。昆虫取食造成大量伤口，成为软腐病病原菌侵入的重要通道，因而害虫发生多的田块软腐病发生也重。高温多雨有利于病原菌繁殖与传播蔓延，由于雨水多能造成叶片基部浸水，使之处于缺氧状态，伤口不易愈合，所以当大白菜包心后久旱遇雨，软腐病往往发病重。地势低洼，田间易积水，土壤含水量高的田块发病重。在大白菜体内潜伏的软腐病病菌，在贮运期间可通过与病株接触或从伤口侵入而引发软腐病。贮藏期间的冷害冻伤，也是病菌侵入的重要门户。若贮藏期间缺氧，发病更重。

（2）**防治方法**

①农业防治 选用抗病品种，不同品种的愈伤能力强弱不同，直立型、青帮型品种愈伤能力较强，而愈伤能力强的品种软腐病发生较轻。播种前进行种子消毒处理，可温汤浸种、高温干热消毒或药剂拌种。适期晚播，避免结球期与雨季相遇而感病；改良土壤，每667米²用消石灰150千克，分1～2次撒施，调节土壤pH值，抑制病菌繁殖；避免连作，重病地块与豆类、麦类、水稻等作物进行2年以上轮作；及时清除田间病残体，精细翻耕整地，暴晒土壤，促进病残体分解；施足腐熟粪肥，及时追肥；合理浇水，小水勤浇，切忌大水漫灌，雨后及时排水，多雨地区应高垄或高畦栽培；及时防治虫害，减少害虫伤口；及时拔除病株，病穴周围撒石灰消毒。

②药剂防治 发病初期拔除病株，病穴及四周撒少许熟石灰杀菌。及时施药防治，喷药细致周到，特别注意喷施茎基部和近地表的叶柄，病株重点喷洒，使药液流入菜心。可选用72%硫酸链霉素可溶性粉剂4000倍液，或70%敌磺钠可溶性粉剂500～1000倍液，或20%噻菌铜可溶性粉剂600倍液，或90%新植霉素可溶性粉剂4000倍液喷施。

4.白斑病

大白菜白斑病主要发生在冷凉地区，不仅造成产量损失，还影响蔬菜的质量和贮藏。此病常与霜霉病并发，加重其危害。

（1）**危害症状** 大白菜白斑病发生很普遍，主要危害叶片，尤其是老叶和成熟叶感病最多，特别严重时也亦侵染叶柄。叶片上病斑初为散生的灰褐色近圆形小斑点，后扩大为直径6～18毫米不等的浅灰色至白色不定形病斑，病斑周缘有污绿色晕圈或斑边缘呈湿润状，潮湿条件下斑面产生稀疏的暗灰色霉状物。空气干燥时病部组织干缩变薄，有的破裂或穿孔。病害严重时，叶片上病斑密布，相互连接成斑块终致叶片枯黄坏死。病株叶片由外向内层层干枯，似火烤状，致全田呈现一片枯黄。叶帮受害，形成灰褐色凹陷斑，往往造成腐烂，病部有灰褐色霉状物。

（2）**发病条件** 白斑病对温度要求不太严格，5℃～28℃均可发病，适温11℃～23℃，空气相对湿度高于62%、降雨量16毫米以上、雨后12～16天开始发病；大白菜生长初期多为越冬病菌的初侵染，病情不重；生育后期，气温降低、遇大雨或暴雨、空气相对湿度达60%以上，病菌经过再侵染，病害迅速扩展，连续降雨可促进病害流行。在北方菜区，本病盛发于8～10月份；长江中下游及湖泊附近菜区，春、秋两季均可发病，尤以多雨的秋季发病重。此外，还与品种、播期、连作年限、地势等因子有关，一般播种早、连作年限长、浇水过多、缺少氮肥或基肥不足、植株长势弱发病重；早熟品种比晚熟品种发病重。

（3）**防治方法**

①农业防治 实行轮作，发病比较严重的地块与非十字花科蔬菜进行2年以上轮作；选择如玉青、小青口、大青口、辽白1号、疏心青白口等抗病品种；播种前进行种子消毒，可用种子重量0.4%的50%多菌灵可湿性粉剂或50%福美双可湿性粉剂拌种；选择地势较高、排水良好的地块种植；中早熟品种适期晚播，晚熟品种适期早播；施足腐熟有机肥，增施磷、钾肥，以提高植株抗病能力；加强田间管理，雨后及时排水，发现病叶及时清除，收获后清除田间病残体并深翻土壤。

②药剂防治 发病初期，可用40%多菌灵胶悬剂800倍液，或75%百菌清可湿性粉剂600倍液，或50%硫菌灵可湿性粉剂500倍液，或65%甲硫·乙霉威可湿性粉剂800倍液喷施，每隔7～10天喷施1次，连续喷2～3次。

5. 炭 疽 病

大白菜炭疽病为叶部病害之一，是早熟大白菜生长过程中的主要病害，近年来在各地发生均较为普遍，既影响大白菜的外观及品质，又造成减产。

（1）**危害症状** 大白菜叶片染病，初生苍白色或褪绿水渍状小点，后扩大为灰褐色至灰白色稍凹陷的圆斑，病斑直径一般为1～

2毫米。以后扩大成直径1～5毫米、边缘暗褐色、略隆起、中央灰褐色、稍凹陷病斑，后期病斑为白色至灰白色半透明纸状，易破裂穿孔。叶脉上病斑多发生于叶背面，呈褐色条状凹陷。叶柄、花梗及种荚染病，多形成椭圆形或梭形病斑，病斑显著凹陷呈褐色至灰褐色、边缘色较深，有的向两端开裂。病害严重时整片叶和整个叶柄病斑密布，相互连接成不规则大斑，短期内使叶片萎黄枯死。湿度大时病部常有朱红色黏稠状物。

（2）**发病条件**　北方地区早熟品种先发病，白帮品种较青帮品种发病重；秋白菜早播多发病；引起发病的重要条件是高温多雨，7～9月份高温多雨或降雨次数多发病较重，且易造成软腐而加重危害；种植密度过大、地势低洼积水多、湿度大及通风透光差的地块发病重；管理粗放、植株生长衰弱的地块发病重。

（3）**防治方法**

①农业防治　清洁田园，清除病残体，与非十字花科作物轮作；播种前进行种子消毒，可用温汤浸种，也可用种子重量0.4%的50%福美双或50%多菌灵可湿性粉剂拌种；适期晚播，避开高温多雨季节；合理密植，增强植物间通透性；选地势高、排水好的地块种植，加强雨季清沟除渍，降低田间湿度；合理施肥，增施磷、钾肥，同时注意施用钙、硼、锌、镁等微肥，以增强植株抗病力。

②药剂防治　发病初期用50%多菌灵可湿性粉剂500倍液，或80%福·福锌可湿性粉剂800倍液喷雾，或70%代森锰锌可湿性粉剂400倍液，或75%百菌清可湿性粉剂500倍液，或70%甲基硫菌灵可湿性粉剂1 000倍液喷施防治，每隔7～10天喷施1次，连续喷施2～3次。

6. 黑 腐 病

黑腐病也称半边瘫，是大白菜的主要病害之一，可造成大面积减产，发生严重的地块甚至绝收。

（1）**危害症状**　苗期染病多危害根茎部，出土前受害不能出苗；出土后受害形成立枯症状，子叶呈水渍状，病部呈浅褐色坏死干缩，根髓部变黑，终致菜苗萎蔫死亡。成株期发病，引起叶斑或黑脉，叶斑多从叶缘向内发展，形成"V"形黄褐色枯斑，病斑周围淡黄色，有时沿叶脉扩展形成大块黄褐色斑或网状黑脉。病菌从伤口入侵时，可于叶片的任何部位发病形成不规则褐斑，向四周扩展致叶肉变褐枯死。叶帮染病，病菌沿维管束向上扩展，中肋呈淡褐色，病部干腐，叶片向一边歪扭。病害发生轻时，植株半边叶片发黄，部分外叶干枯、脱落；严重时茎基腐烂，使植株萎蔫或倒瘫，纵切可见髓部中空。瘫倒的病株，湿度大时可产生黄褐色菌脓或湿腐、油渍状，干后似薄纸、透明。黑腐病危害的大白菜易受软腐病菌感染，病情迅速扩展，加重受害程度，造成烂帮、烂心，严重影响产量和品质。

（2）**发病条件**　播种带病种子，病菌从叶缘的水孔或伤口侵入，可引起幼苗发病；与十字花科作物连作，高温高湿、多雨、重露有利于病害发生；易于积水的低洼地块和浇水过多的地块发病重；早播、施用末腐熟农家肥、肥水管理不当、植株徒长或早衰及虫害严重的地块发病重。

（3）**防治方法**

①农业防治　播种前可用45%代森铵水剂300倍液，或20%喹菌酮可湿性粉剂1000倍液浸种消毒，也可按种子重量0.4%的50%琥胶肥酸铜可湿性粉剂或50%福美双可湿性粉剂拌种；适期播种，加强田间管理，合理密植，采用高垄栽培；适度蹲苗，合理灌溉，雨后及时开沟排水，降低田间湿度；清洁田园，及时拔除病株带出田外深埋，并对病穴撒生石灰消毒；施足基肥，增施磷、钾肥，避免偏施氮肥，提高植株抗病力；及时防治虫害减少虫伤，尽量避免人为及农事操作造成的机械伤口；秋后深翻土地，以减少病原菌。

②药剂防治　发病初期及时喷药防治，可选用72%硫酸链霉素可溶性粉剂4000～5000倍液，或20%喹菌酮可湿性粉剂1000倍液，或45%代森铵水剂900～1000倍液，或50%琥胶肥酸铜可

湿性粉剂 1000 倍液，或 60％琥铜·乙膦铝可湿性粉剂 1000 倍液，每 7～10 天喷 1 次，共喷 2～3 次，交替用药。

7. 黑 斑 病

黑斑病又称黑霉病，是一种常见的叶部病害，主要危害子叶和真叶叶片，有时危害花梗及种荚。从大白菜苗期开始受害，进入莲座中后期受害最重，影响大白菜后期包心及其品质，染病植株叶味变苦，品质变劣。

（1）**危害症状** 一般中下部叶片受害最重，严重时心叶顶部也产生小病斑。叶片发病多从外叶开始，病叶上初生褐色小点，逐渐发展为近圆形褪绿斑，后扩大变为淡绿色至暗褐色，几天后病斑直径扩大至 5～10 毫米，有明显的同心轮纹，有时中间穿孔或破裂。子叶期发病，扩大后使大部或整个子叶干枯，严重时造成死苗。真叶发病，在高温高湿条件下病部穿孔，病害严重时病斑汇集成大的斑块，使大部分以至整个叶片变黄枯死，全株叶片由外向内干枯。茎和荚染病产生暗褐色不规则条状斑。潮湿条件下病部常产生黑色霉层，即病菌的分生孢子梗和分生孢子。

（2）**发病条件** 黑斑病发生轻重及早晚与气候条件、品种抗性和栽培管理等因素有关，其相互配合程度对病害流行起着决定性作用。多雨高湿及温度偏低发病早而重，连续阴雨或大雾条件下极易流行成灾。同一品种早播的发病重，晚播的发病轻。与十字花科蔬菜连茬和邻茬、没有进行种子处理、播种过早、田间植株密度大、基肥不足、植株长势弱、大水漫灌的田块发病较重。

（3）**防治方法**

①农业防治 实行轮作，深翻土地，施足基肥，增施磷、钾肥，高垄栽培；选择抗病品种，适期晚播，播种前可用种子重量 0.4％的 50％福美双可湿性粉剂拌种消毒；及时间苗定苗，去弱留强，选择壮苗；合理密植，株行距适当，以改善田间通风条件；合理浇水，苗期小水勤灌，莲座期适当控水，结球期大肥大水（但忌大水漫灌），以保持地面湿润为宜，避免浇水后遇降雨天，田间积

水要及早排除；搞好田园清洁，采收后及时清除残体，以减少翌年菌原。

②药剂防治　出现中心病株时立即用药防治，每隔 7～10 天施药 1 次，共 2～3 次，即可控制病害。药剂可用 50% 异菌脲可湿性粉剂 1 000 倍液，或 75% 百菌清可湿性粉剂 600 倍液，或 70% 代森锰锌可湿性粉剂 600 倍液，或 64% 噁霜·锰锌可湿性粉剂 500 倍液。也可于发病初期喷施 3% 嘧啶核苷类抗菌素水剂 100 倍液，或 2% 武夷霉素水剂 100 倍液，或 70% 代森锰锌可湿粉剂 500 倍液，每隔 6～8 天喷施 1 次，共喷 2～3 次。

8. 细菌性角斑病

大白菜细菌性角斑病属于细菌性病害，在大白菜上普遍发生，是危害较严重的细菌性病害，主要危害叶片，严重影响叶片的生长和光合作用及产品质量。

（1）危害症状　该病主要危害植株的外层叶片，从大白菜苗期至莲座期甚至包心期都可发生危害。初期在叶片背面产生水渍状叶肉稍凹陷的斑点，随后逐渐扩展，因受到叶脉限制呈不规则形膜质角斑，病斑大小不等，在叶翅部位常有水渍状褪绿色膜质角斑，叶面病斑呈灰褐色油渍状，湿度大时叶背面的病斑上溢出污白色菌脓；干燥时病斑呈白色膜状，干枯，质脆，易开裂或穿孔。由于细菌性角斑病不危害叶脉，发病重时病斑连片，病部破碎，病叶常仅残留叶脉，类似害虫危害状。通常植株的外部 3～4 层叶片染病后呈急性型发病，前期病叶呈铁锈色或褐色干枯，后期受害外叶干枯脱落仅剩叶脉。发生初期病征一般不明显，湿度大时手摸有黏质感。

（2）发病条件　未经消毒的带菌种子，细菌易从伤口或自然孔口（如气孔、水孔）侵入而产生病害。叶面有水滴是发病的重要条件，苗期至莲座期阴雨或降雨多，雨后易发病蔓延，所以多雨、特别是暴风雨后发病重。此外，病地重茬、虫害重或地势低洼、施肥不足、植株长势弱、抵抗力差，或管理粗放造成植株伤口多发病重。

（3）**防治方法**

①农业防治 重病地与禾本科作物进行 2 年以上轮作；播种前温汤浸种消毒，用 50℃温水浸种 20 分钟，捞出种子晾干后播种；采用高垄高畦栽培，雨后及时排水，以降低田间湿度，减轻病害；加强田间管理，及时清除病叶、病残体深埋或烧毁，减少病菌在田间传播；农事操作时切勿损伤植株，防止造成伤口。有害虫危害及时防治。

②药剂防治 发病初期及时喷施 72%硫酸链霉素可溶性粉剂 3 000 倍液，或 14%络氨铜水剂 350 倍液，或 90%新植霉素可溶性粉剂 4 000～5 000 倍液，每隔 7～10 天喷 1 次，共喷 2～3 次。

9. 根 肿 病

大白菜根肿病是一种通过土壤传播的真菌性病害，早在 20 世纪 70 年代欧洲地区和日本等国家就有根肿病发生，现已成为世界性难题。近年来，由于各种因素造成的土壤酸碱度严重失调，再加上人为因素的传播，危害呈愈演愈烈之势。

（1）**危害症状** 主要侵染植株地下根部，苗期即可受害，严重时小苗枯死。成株期，染病植株初期症状不明显，当病害发展到一定程度时，病株叶片色呈淡绿色，叶边变黄、缺光泽，生长迟缓、矮小，外叶常在中午呈萎蔫失水状，但早、晚可恢复。后期外叶发黄枯萎，有时全株枯死。挖出病株可见主根、侧根上有不规则、大小不等的肿瘤，主根肿瘤大、数量少，呈球形或近球形；侧根肿瘤小、数量多，呈手指状或圆筒状；须根上的肿瘤更小，呈球状，数量更多，常几个至十几个，甚至 20 多个串生在一起。肿瘤大的比鸡蛋还大，小的如玉米粒，初期瘤面光滑，后变粗糙，进而龟裂，后期易受其他病菌侵染而腐烂，发出恶臭，致使菜株枯萎死亡。

（2）**发病条件** 病菌适应温度范围较广，在 9℃～30℃条件下均能发病，发病适温为 19℃～25℃，适宜空气相对湿度为 50%～98%。土壤相对含水量达 70%～90%时最利于休眠孢子囊的萌发和游动孢子活动侵入寄主，土壤相对含水量在 45%以下时很少发病。土壤偏酸性，pH 值 5.4～6.5 时利于发病；土壤偏碱性，pH 值 7.2 以上时，则不利于发病。病菌以休眠孢子囊随病残体遗落在土中存活越冬，其抗逆力很强，在土壤中可存活并保持侵染力达 10 年以上。其孢子可通过土壤、种子、蔬菜、农机具、运输工具、灌溉水和雨水漫流、其他人为因素及虫体因素等传播。连年种植十字花科的地块、病田下水头的地块、低洼地、水田改旱作地及施用未腐熟病残体厩肥的地块病害重。

（3）防治方法

①农业防治　实行水旱轮作，重病地与十字花科蔬菜进行 5～6 年轮作，轮作期间铲除十字花科杂草，可有效减轻病害。在无法轮作的地方采用换土方法，可显著减轻发病。也可以每 667 米² 施生石灰 100 千克以调节土壤酸度，或发病初期用 15% 石灰乳灌根，每株灌 0.3～0.5 千克。播种期应尽可能延迟，苗床和种植地块消毒；定植时避开阴雨天气，采取高畦栽培；及时排水，做到雨停无积水；配方施肥，施用腐熟农家肥。注意田间清洁，发现病株及时拔除烧毁或深埋，并在病穴四周撒消石灰，铲除田边十字花科杂草。

②药剂防治　发病初期可用 50% 多菌灵可湿性粉剂 500 倍液灌根，每穴用药液 0.25～0.5 千克，效果明显。用多菌灵、硫菌灵、苯菌特、克菌丹等药剂穴施、沟施或药液蘸根，或药泥浆蘸根，有较好的防治效果。

10. 干烧心病

大白菜干烧心病是生产上常见的生理性病害，也称焦边、烂心病、夹皮烂等。该病在大白菜莲座期和结球期发病频繁，影响食用价值。在贮存期间容易受其他病菌侵染，引起腐烂。在我国北方地区严重发生，特别是春夏大白菜发病较重，有的地块甚至绝产。

（1）危害症状　该病在莲座末期开始发病，心叶边缘干黄向内侧卷，生长受抑制，包心不紧。包心期发病，球叶外观正常，发病叶片主要集中在叶球中部，剖开叶球可见部分叶片边缘变干黄化，叶肉呈干纸片状。重病株叶片大部干枯黄化，叶组织水渍状，叶脉黄褐至暗褐色，病叶发黏，但无臭味，病、健组织界限分明，病部干腐或湿腐。有干烧心的白菜，叶球不耐贮藏，加上其他病菌侵染，可引起腐烂变质，导致品质下降，病叶不能食用，严重影响大白菜的商品价值。

（2）**发病条件** 该病主要发生在北方及南方钙质土地区，常常与干旱少雨有关，特别是莲座期和结球期降雨量少易发病；偏施氮肥，也会造成干烧心；在盐碱严重地，干烧心病发生普遍；如果土壤中缺少水溶性钙，加上干旱、浇水不及时，则引起菜株生理功能失调而缺钙导致发病；土壤中活性锰严重缺乏时，钙质土易发生干烧心病。

（3）**防治方法**

①农业防治 选用抗病品种，通常青帮大白菜比较耐病；尽量避免与吸钙量大的甘蓝、番茄等上茬作物连作；适时播种，增施有机肥，控制氮肥用量，以改善土壤结构；选择土质疏松、排水良好的地块，尽量不选地势低洼的盐碱地；合理浇水，供水均匀，遇干旱要及时浇水，宜小水勤浇，使土壤不干不涝，浇水后及时中耕松土以防板结。切忌大水漫灌，以免田间受涝损伤根系，妨碍吸收。

②药剂防治 根外补钙是有效而又最直接的方法。大白菜定苗后，每隔7～10天向心叶喷施1次0.7%氯化钙溶液或1%过磷酸钙浸出液进行补钙预防，连喷3～5次；在莲座期用0.1%高锰酸钾溶液或0.1%硫酸锰溶液叶面喷施，每隔7天喷1次，连喷2～3次，也可与钙素肥料混合喷施。包心期每667米^{2}向心叶撒施16%硝酸钙或0.5%硼颗粒剂20～25千克。

第六章
大白菜贮藏与加工

一、大白菜贮藏

大白菜贮藏方式因气候、规模、设施和投资等条件不同而有所差异。主要方式有露地贮藏、堆藏、埋藏、宽沟贮藏、窖藏、通风库贮藏、强制通风贮藏、机械冷藏库贮藏等。

1. 露地贮藏

大白菜晚熟品种结球后留在田间过冬,根据市场需要随时将结球紧实的采收修整后上市,这是一种最简单的方法,适宜冬季气候温暖的长江中下游以南地区。为防止叶球受冻,在寒流来临前进行束叶,可用稻草在大白菜株高离地面 2/3 处将外叶捆起来,以保护叶球。

2. 堆 藏

适宜气候较温暖的长江中下游以北以及陕西、山东等地。将晾晒修整后的白菜,在地下水位低、土壤较干燥的露地进行堆藏。可分为圆堆藏、长堆藏、马架堆藏等。

(1) 圆堆藏 在地面铺一层草或秋秸,将大白菜排列成圆形,菜根向内、叶尖向外,一层一层向上堆成圆锥形,最上用 1～2 棵菜封顶。

(2) 长堆藏 双行相对纵列堆积,菜根向内,叶尖向外,堆至4～5 层为止。

以上这 2 种堆藏方法在贮藏期应加以覆盖,并根据温度变化适当增减覆盖量。注意不要淋雨，在贮藏初期和末期气温较高时，须倒菜2～3次，剔除烂株及烂叶，倒菜应在中午进行。

（3）马架式堆藏　在地面用竹竿搭人字架，按架竿倾斜的方向将大白菜堆积成人字形的两列，两列底部相距1米左右，中间为三角形的通风道。堆菜时，每层菜间交叉斜放一些细竹竿，以支撑菜体使两列菜能牢固地呈倾斜状。菜堆高约1.5米，其上加以覆盖，以防雨和保温。堆多为南北长，两端遮挂席帘，可通过席帘的启闭来调节堆内的温湿度。

3. 埋　藏

也叫沟藏。将大白菜直立并紧密地排放在沟或坑内，上面覆土。一般选择地下水位低的沙质土壤地块进行埋藏，在贮藏过程中不能随时检查和取用。一般沟深18～20厘米、宽160～170厘米，南北走向，长度根据贮藏量和场地条件而定。

埋藏前挖沟，并充分暴晒干燥，埋藏的菜要充分晾晒，外界气温稳定下降后将菜埋入。在埋藏时沟内每隔2米左右放一直径15厘米左右的草把，伸出沟外，利于沟内白菜散热。覆盖时先盖一层干树叶或苇叶，再覆土6～7厘米厚，随着温度降低覆土逐渐加厚，到冬至前后土厚达40～50厘米。为了掌握沟中的实际温度，可用中空的塑料管，将管底端口埋在沟中大白菜叶球的上中部，管上端通出覆土面之上，用细绳吊一温度计于管内与叶球接触，管口用棉花塞紧，可随时取出温度计观察，通过调整覆土厚度调节沟内温度，温度保持在0℃左右，不低于-1℃，不高于2℃。

4. 宽沟贮藏

此法在华北一带应用较多。沟宽2.5米、深30～40厘米，东西方向延长，挖出的土培成宽60～65厘米、高100厘米的土墙，一般1米长的沟可以贮大白菜500千克。在沟内按首尾相对平放2棵大白菜的间隔，在沟底和土墙上挖南北向通风沟（宽30厘米、深25厘米），经晾晒的预贮大白菜在寒流刚来时入沟，在沟内2条通风沟之间菜头相对平放2排菜，菜根部靠近通风沟，垛高5～6

层。菜刚入沟时，垛顶盖树叶等防冻，随着温度下降，加盖草苫、封严沟顶，并用草堵塞通风口。白菜入沟后 10 天左右和立春后各倒 1 次垛。

5. 窖　藏

此法是华北、东北、西北等地贮藏大白菜的主要方法。其优点是可以通风调节窖内温湿度，控制较适宜的贮藏环境；人可以进入窖内，便于随时检查贮藏情况，进行倒菜管理及出售。缺点是建窖费工、费料。因各地气候条件不同，窖的入土深度、窖顶覆盖材料及其厚度、通风设置的大小及位置各不相同。

在冬季较温暖的华北大部分地区及西北和东北的部分地区，多采用半地下式，入土较浅，另加筑土墙，再盖棚顶，一般窖入土 0.5～0.7 米或 1～1.3 米不等。在东北、西北较为寒冷的地区，多采用地下式，仅有窖顶露出地面，窖深 4 米左右。在特别严寒地区，窖的北侧还要增设屏障。

窖的通风设施有天窗和气孔，因各地气候条件不同有一定差异。在北京等较温暖地区，棚窖是在窖顶两端各 1～1.7 米处沿窖长的方向留 1 条宽 0.5～0.7 米的通天窗，同时在窖墙的基部每隔 1.7 米向下斜挖口径为 25～27 厘米的气孔；而在沈阳等较寒冷地区通常在窖顶中央开设 0.7 米见方的天窗，每个天窗相距 3 米。

大白菜在窖内的存放方式分为垛贮、架贮和筐贮。垛贮是将大白菜码成高 1.6～1.8 米、宽为 1～2 棵菜长的条形垛，垛间留一定距离以利通风和管理。架贮是将大白菜分层摆放在窖内的菜架上。筐贮是将大白菜平放在宽度为菜棵长、高度为 1～2 棵菜的直径 0.7 米左右的条筐或塑料筐中，在窖内码成 5～7 层高的垛。

窖藏管理的原则是尽可能使大白菜处于温度在 0℃±0.5℃、空气相对湿度在 90%～95%、无不良气体的环境中贮藏，从入窖至冬至为贮藏前期，主要是通放风和倒菜，以降低窖温。冬至至立春是最冷的季节，以防冻为主，逐步将气眼堵塞，先堵北、西、东三面，后堵南面。立春后为贮藏后期，气温开始回升，夜间通风换入冷空气，白天关闭通风口防止热空气进入，并增加倒菜次数，做到快倒细摘。

6. 通风库贮藏

通风贮藏库也称固定窖，同棚窖一样也是利用空气对流原理来实现换气，较棚窖有更加完善的通风系统和隔热结构，降温和保温效果好于棚窖，分地上式、半地下式和地下式3种。一般库房长30～40米、宽8～10米、高3.5～4米，1个库房面积250～400米^2，可贮大白菜10万～15万千克。

通风库的通风装置由进气口和排气口组成。为使气流畅通，保证进气口和排气口的压差，进气口应建在库墙的基部，排气口设于库顶、建成烟囱状。大白菜专用库通风口面积应较大，每50 000千克产品须有1～2米^{2}的通风口，每个通风口面积通常为25厘米×25厘米或30厘米×30厘米，均匀分布于库顶和库的四周。

通风库的隔热结构主要设在库的暴露面，即库顶、地上墙壁和门窗部分，常用的隔热材料有锯屑、稻壳、炉渣、珍珠岩等。在隔热层两侧需加防水层以保证隔热材料不受潮。

库房和设备在完成一个贮藏周期后要进行彻底清扫和消毒，可用1%～2%甲醛溶液或漂白粉溶液喷洒，也可按每立方米库房用5～10克硫磺燃烧熏蒸，或用臭氧处理。库墙、库顶及菜架、仓柜等用石灰浆加1%～2%硫酸铜溶液刷白。

应用通风库贮藏大白菜多用架贮和筐贮，通过通风控制库内的温湿度。

7. 强制通风贮藏

利用强制通风，有效控制窖内气体、温度、湿度，创造大白菜贮藏的适宜环境条件。其通风系统是在半地下式通风库中用风机从活动地板下均匀送风，风帽自然排风。由风机通过活动地板下的风沟到地板下的空间均匀送风。地板下成为均匀的静压箱，从而实现向大白菜堆的均匀通风。

贮藏期间管理原则是前期使菜温适当偏低些，掌握在下限附近；

中期适当偏高靠近上限。当菜温偏高时，用偏低外温通风；当菜温偏低时，用偏高外温通风。要严格注意菜温变化，随时调整通风温度和通风时间。外界气温保持在2℃以上时，应及时开库修整出售。

8. 机械冷藏库贮藏

在贮藏库内安装机械制冷设备，可以随时提供所需的低温，不受地区、季节的限制。在冷库中贮藏大白菜，应注意的是在库内温度已基本到达要求时，因库内温度上、下层不一致，上层温度高则产品易腐烂，因此每天应开动鼓风机1～2次，使库内温度保持均匀一致。另外，应每2～3天打开通风口换气1次，引入外界的新鲜空气，排出产品释放的乙烯和二氧化碳等有害气体，并可降低库内湿度。

二、大白菜加工

大白菜除鲜食外，还有许多加工腌渍食用方法，下面介绍几种大白菜加工方法。

1. 酸 菜

酸菜是我国北方特有的白菜加工产品，民间多以自然发酵的方式制作酸菜，但发酵周期长，品质不稳定，比较科学的方法是采用纯乳酸菌接种发酵方式。

（1）传统自然发酵方式 叠抱封口白菜，外形美观，但包心过于紧实，菜叶一层叠着一层，用于做渍酸菜时，菜心很难渍透，容易腐烂，所以不适合渍酸菜；而直筒舒心白菜，特别是八成心的，盐水很容易渗透至菜心和帮叶之间，使菜体完全浸泡在水中，从而为不喜欢氧气的乳酸菌繁殖创造适宜条件，达到乳酸菌充分发酵的目的，所以直筒舒心白菜是腌渍酸菜的最佳选择。

腌渍酸菜前先将白菜晾晒1～2天，然后去掉外帮、洗净，整齐摆放在缸或桶内。在摆放好的白菜上面压干净的石块，然后加入5%的盐水，使白菜完全浸在水下10厘米左右。

　　5%的盐水既能抑制各种杂菌的生长和繁殖，同时又不妨碍乳酸菌的生长和繁殖，从而达到白菜迅速乳酸发酵的目的。盐水最好事先调好，一次性加入。如果边撒盐边摆菜，然后再加水，会使盐水浓度不均匀，容易造成白菜腐烂。

　　腌渍时间不宜太短，这是因为白菜在腌渍初期会产生硝酸盐，它进入人体后会产生亚硝酸胺类致癌物质，但随着腌渍时间的延长硝酸盐含量会逐渐减少。据测定，腌渍20天以后的酸菜，硝酸盐含量会明显降至安全范围内，也就是说腌渍的酸菜必须到20天后方可食用。

　　杂菌和油污均会导致酸菜腐烂，因此在酸菜腌渍和取食过程中一定要注意环境卫生。加完水后，水面漂浮的菜叶要捡净，最后再在缸口或桶口盖上塑料膜，防止灰尘和杂物落入。在捞取酸菜之前一定要把手洗净。

　　（2）纯乳酸菌接种发酵方式

　　①工艺流程

　　原料菜采收→整理→清洗→入罐→加入菌液、营养液、无菌水→密封→保温发酵→质量监测→开罐取菜→机械切丝→称重装袋→真空封袋→低温保存

　　②工艺技术要点　　总的要求是严格卫生和无菌操作，不加任何防腐剂，确保成品酸菜丝达到烹调前免洗的质量指标，装袋后保质期120天（避光，温度≤20℃）以上。生产中还要注意以下问题：一是选用无污染、结球良好的原料菜，修整洗净后要及时入罐，洗净后原料菜存放时间不能超过12小时。二是严格卫生操作。装罐和出罐操作应以人工为主、电动提升机械为辅，操作人员要穿经灭菌的专用工作服和消毒水靴，在菜上面铺上经灭菌的多层白布垫，装罐摆菜人员不能直接踏在菜上，以减少杂菌进入菜体。另外，发酵罐顶部要安装专门的消毒设施。三是菜要摆放紧密并踏实，以增加发酵罐的装菜量，提高厌氧水平。四是发酵罐内的菜装满后，要及时加入乳酸菌液和营养液，然后用无菌水添加至定容。要注意保

证乳酸菌的接种量，一般为 10%。五是注意保持温度。发酵温度为 18℃～20℃，温度太低，乳酸菌增殖慢，产酸少，发酵周期长；温度过高，杂菌易快速增殖，影响产品质量。六是水加满后，要进行发酵罐的密封处理。严格的厌氧环境处理不仅是正常发酵的必要条件，而且是最大限度降低亚硝酸盐含量的关键措施。七是发酵完成后方可开罐，一般发酵周期为 15～20 天，发酵周期太短风味差。开罐检查菜质，达到标准后及时出罐，尽可能做到取菜、整理、切丝、装袋、称重、真空封袋整个工序快速简捷，并保持清洁卫生。真空包装袋要求耐压、耐酸。

2. 辣 白 菜

辣白菜是朝鲜族世代相传的一种佐餐食品，其营养丰富，风味独特，是我国东北地区的一道著名风味小菜。

（1）**原材料** 原料为大白菜。配料为辣椒、蒜、姜、苹果梨、白梨、青萝卜等。

（2）**制作方法**

①选料与浸泡 挑选大小适中的包心白菜，除去近根菜帮和泥土，用水清洗后装入缸内，用 1∶10 的盐水浸泡，过 24～36 小时倒个，3 天后取出用清水洗净后控干。

②配制调料 调料适当是腌制辣白菜的关键，调料主要有"三辣"，即辣椒、大蒜、生姜。按 50 千克白菜计算，需辣椒面 0.3 千克，大蒜泥 1 千克，姜适量，白梨、苹果梨、青萝卜丝各 0.25 千克。有条件的放入适量味精、苹果和虾仁，味道会更加鲜美。

③装缸发酵 按照白菜叶片层次由里向外，将调料均匀地一层一层涂抹，并用手搓擦均匀后装入缸内，最后在上面压上 1 块石头，将缸放置到阴凉低温处，最好是放到菜窖中，15 天以后即可食用。

参考文献

［1］刘宜生，中国大白菜［M］. 北京：中国农业出版社，1998.

［2］徐家炳，张凤兰，白菜优质丰产栽培技术100问［M］. 北京：人民出版社，1994.

［3］张振贤，艾希珍. 大白菜优质丰产栽培原理与技术［M］. 北京：中国农业出版社，2002.

［4］张振贤. 蔬菜栽培学［M］. 北京：中国农业大学出版社，2003.